中国先进堆型综合评估方法

霍小东　堵树宏　杨海峰　范　黎　编著

科学出版社
北　京

内 容 简 介

本书系统介绍了国际原子能机构(IAEA)的INPRO评估方法、第四代核能系统国际论坛(GIF)的评估方法以及美国能源部(DOE)的评估实践等相关的堆型评估方法，并针对我国先进堆型技术研发与评估需求，重点阐述了中国先进堆型综合评估方法。本书涵盖多个领域和学科，可为读者提供深入了解核能可持续发展及堆型综合评估的专业知识和实践指导。

本书可供核电技术研发人员、核电业主、政策研究及制定人员、院校相关专业的师生以及对核能可持续发展感兴趣的人士阅读参考。

图书在版编目(CIP)数据

中国先进堆型综合评估方法 / 霍小东等编著. -- 北京 : 科学出版社, 2025. 2. -- ISBN 978-7-03-080066-4

Ⅰ. TL421

中国国家版本馆CIP数据核字第20241VF560号

责任编辑：吴凡洁　冯晓利 / 责任校对：王萌萌
责任印制：吴兆东 / 封面设计：赫　健

科学出版社出版
北京东黄城根北街16号
邮政编码：100717
http://www.sciencep.com
涿州市般润文化传播有限公司印刷
科学出版社发行　各地新华书店经销
*
2025年2月第　一　版　开本：787×1092　1/16
2025年6月第二次印刷　印张：9 1/4
字数：216 000
定价：128.00元
(如有印装质量问题，我社负责调换)

《中国先进堆型综合评估方法》编委会

主　　编： 霍小东

副 主 编： 堵树宏　杨海峰　范　黎

撰写团队： 孙燕宇　李文安　郭治鹏　郭韶华　郑平辉

申　腾　赵秋娟　高瑞发　张浩然　钱怡洁

郭　璇　胡　江　李汉辰

前言

作为一种安全、高效的能源，核能利用不仅是清洁电力的重要来源，还是助力全球实现可持续发展目标的重要途径之一。可持续发展要求既满足当代人的需求，又不危及后代人满足其自身需求的能力，因此需要兼顾经济、环境、社会、制度等四个相关的维度。21 世纪以来，基于创新技术的先进反应堆/第四代反应堆（简称先进堆/四代堆）等堆型研发工作，正在推动核能向实现可持续发展的目标努力迈进。

作为核电快速发展的国家，当前我国在先进堆/四代堆研发方面正呈现百花齐放的态势，钠冷快堆、高温气冷堆示范工程均已处于商运阶段。在先进堆/四代堆型技术研发过程中，如能对其进行整体、综合的评估，将有多方面收益：宏观层面，可以提供科学的依据，进一步明确和完善核电中长期发展技术路线，夯实战略布局制定基础，合理规划并实施；微观层面，可辅助技术开发者甄别出堆型研发方案的薄弱环节，从而有针对性地改进，并可综合对比分析多个堆型的发展潜力和性能表现，为用户的选择提供一个更科学的评估方式。

对一个堆型进行整体的、综合的评估，既是一项很有意义的工作，又是一项富有挑战的工作。首先，涉及的领域众多，可持续发展的四个方面进一步细化成经济、安全、环境、废物管理、实物保护、防核扩散等多个领域；其次，不少先进堆/四代堆研发进展不一，评估所需要的不少技术指标参数尚无法提供；再次，先进堆/四代堆型大多都使用一些创新的、尚未全面验证的技术，评估涉及技术发展的预期，既不能扼杀研发创新、又不能对技术发展过于乐观。因此，需要一套系统的方法来指导先进堆型综合评估工作。

中国核电工程有限公司在先进堆/四代堆综合评估方面已有近十年的深耕，研究成果提炼总结形成本书。书中简要介绍了国际原子能机构（IAEA）的 INPRO 评估方法、第四代核能系统国际论坛（GIF）的评估方法、美国能源部（DOE）的评估实践等，并对各方法进行了对比和分析。在此基础上，研究总结形成中国先进堆型综合评估方法（China Advanced Reactor Assessment，CARA）。如果本书能够引起业内对堆型综合评估的关注，能够为先进堆技术研发者、用户，甚至不同层次的决策者提供一些支持，为推动我国先进堆型研发更快、更好地发展而略尽绵薄之力，撰写团队亦足可欣慰。

本书由霍小东、堵树宏、杨海峰、范黎等策划，并对全书质量整体把关负责。杨海峰、张浩然、李汉辰、霍小东等撰写第 1 章，并对全书进行仔细校审；孙燕宇、赵秋娟、高瑞发、堵树宏、钱怡洁等撰写第 2 章；李文安、胡江等撰写第 3 章；郭治鹏、范黎等撰写第 4 章；郭韶华、郭璇等撰写第 5 章；郑平辉等撰写第 6 章；申腾等撰写第 7 章；李汉辰、张浩然撰写后记。

本书撰写过程中受到国家能源局中国核电发展中心、中国核学会、中国核能行业协会等有关部门领导、行业同仁等众多专家学者的指导和帮助，对书稿进行了详细的审阅，提出了许多宝贵的意见，在此向他们表示诚挚的感谢。向中国核电工程有限公司总经理荆春宁、副总经理毛亚蔚，中国核工业集团有限公司首席专家邢继，中核能源科技有限公司副总经理霍建明，中核运维技术有限公司领导刘伟等专家致谢，他们指导团队开展具体的研究工作，推动了评估方法的调研、消化吸收和再创新，形成了中国先进堆型综合评估方法，遂成此书。最后，郑重地向已故知名核电专家、中国核工业集团有限公司原科技委常委程慧平致以崇高的敬意，他引领团队进入堆型评估方法领域，始终关注着研究进展，并对团队研发工作给予了悉心指导。

由于堆型综合评估涉及众多领域、诸多专业，限于撰写团队水平，书中难免存在疏漏之处，敬请读者不吝批评斧正。

本书撰写团队

2024 年 8 月

目录

第 1 章

先进堆型综合评估方法概述

1.1 先进堆型概述

反应堆堆型代际划分，目前主流的是第四代核能系统国际论坛(Generation IV International Forum，GIF)在核能系统技术路线图中定义的[1]，一代堆为早期原型堆，二代堆为大型商用动力堆，三代堆为先进轻水堆及其改进堆型，四代堆为创新设计的堆型。四代堆预期在 2030 年之后部署，具有更优的全寿期经济性能、更强的安全性、更少的废物和更好的防核扩散性能。同时，GIF 技术路线图 2002 版从 100 多种堆型概念中筛选推荐了 6 种典型四代堆型：钠冷快堆、气冷快堆、铅(铋)冷快堆、超高温气冷堆、超临界水堆、熔盐堆。

国际原子能机构(International Atomic Energy Agency，IAEA)在创新型核反应堆和燃料循环国际项目(International Project on Innovative Nuclear Reactors and Fuel Cycles，INPRO)中给出与先进堆、四代堆相关的两个概念：改进式设计和革新式设计[2]。改进式设计是在现有设计基础上进行改进的反应堆设计，这种改进主要是通过对现有设计进行小的或适度的修改，以保持已证实的设计特性，从而最大限度地降低技术风险。革新式设计是在材料、燃料的使用，操作环境和条件，以及系统配置方面都有根本性改变的反应堆设计。在美国电力研究院(Electric Power Research Institute，EPRI)的报告中给出先进堆定义如下：超越三代堆的技术，与当前的设计相比，在安全、经济、性能表现方面有显著的优势和提升[3]。但目前四代堆所应达到的具体技术指标，行业内尚未达成一致。

1. HPR1000 概述

中国核工业集团有限公司(简称中核集团)在我国三十余年核电发展的基础上，通过消化吸收国际三代核电技术的先进安全设计理念，汲取日本福岛核事故的经验反馈，开发出具有自主知识产权的 ACP1000 三代核电技术。在国家相关部委的指导下，中核集团的 ACP1000 与中国广核集团有限公司(简称中广核集团)的 ACPR1000+进行了技术方案的融合，形成了具有自主知识产权的三代压水堆核电品牌“华龙一号”(HPR1000)(图 1.1)。华龙一号的安全设计目标和技术指标达到了三代核电厂的要求，满足了核电用户要求文件(Utility Requirements Document，URD)及欧洲用户要求(European Utility Requirements，EUR)的主要安全和性能指标。华龙一号技术方案兼顾了安全性、成熟性、先进性和经济性，采用了能动与非能动相结合的先进设计理念，设置了完善的严重事故预防与缓解措施，充分吸收了我国压水堆核电站设计、建造、调试和运行的科研成果和成功经验。

图 1.1　华龙一号示意图

华龙一号技术方案的主要特点如下：

(1)堆芯采用 177 组燃料组件。

(2)采用单堆布置方案，优化核岛厂房布置方案。

(3)采用大自由容积双层安全壳。

(4)60 年电厂设计寿期。

(5)采用先进燃料组件，换料周期为 18 个月，电站平均可利用率大于等于 90%。

(6)采用能动与非能动相结合的安全设计理念。

(7)采用基于概率安全分析和经验反馈优化的安全系统。

(8)延长操作员事故后不干预时间。

(9)分析并应对设计扩展工况。

(10)完善的严重事故预防和缓解措施。

(11)外部事件防护能力提升。

(12)抗震设计标准的提升。

(13)采用抗商用大飞机撞击设计。

(14)72h 电厂自持时间。

(15)应急能力提升。

(16)采用先进的放射性废物处理工艺，实现废物最小化的目标。

(17)采用提高经济性和先进性的设计措施。

华龙一号全球首堆——中核集团福清核电 5 号机组于 2015 年 5 月 7 日开工建设，2020 年 11 月 27 日首次并网成功，2021 年 1 月 30 日正式投入商业运行。华龙一号海外首堆——巴基斯坦卡拉奇 2 号机组于 2021 年 5 月 20 日正式投入商业运行。2022 年 1 月 1 日，华龙一号中核集团福清核电 6 号机组并网成功。2022 年 2 月 21 日，华龙一号海外示范工程、全球第四台机组——巴基斯坦卡拉奇 3 号机组首次达到临界状态。中广核集团防城港核电 3 号机组于 2023 年 3 月 25 日正式投入商业运行，4 号机组于 2024 年 5 月 25 日正式投入商业运行。

2. AP1000 概述

AP1000 是美国西屋公司研发的第三代核电技术，采用革新性的非能动安全系统的设计理念，大大简化了核电厂的安全系统，提高了安全系统的可靠性，具有完善的严重事故预防和缓解措施。AP1000 显著提高了安全壳的可靠性，安全裕度大，同时采用了模块化设计与建造技术，缩短建造工期。

AP1000 堆型具有以下技术特点：

(1) 采用两环路百万千瓦级压水堆核电站技术路线。

(2) 设计上采用确定论、工程判断和概率论相结合的方法，符合核安全法规要求。

(3) 采用新技术，具有一定先进性，如应用分布式数字化仪器与控制(instrumentation and control，I&C)系统设计和先进的主控室设计，采用先进燃料组件、半转速汽轮发电机组等。

(4) 大量采用模块化制造和施工技术，缩短建造周期。

(5) 电厂设计寿命为 60 年。

(6) 平均可利用率大于 90%。

(7) 具备不调硼负荷跟踪能力及抗甩负荷能力。

(8) 采取适当的严重事故对策，预防和缓解严重事故，如对反应堆压力容器外表面提供水浸没及冷却，使压力容器内具备滞留堆芯熔融物的能力，防止压力容器外出现严重事故现象，保护安全壳的完整性。

(9) 反应堆冷却剂泵采用无轴封的屏蔽电机泵设计，减小了由于失去主泵轴封水引发的小冷却丧失事故(loss of coolant accident，LOCA)及导致堆芯裸露的潜在风险。

(10) 直流供电系统保证全厂断电 72h 内的供电能力。

2006 年，中国决定从美国西屋公司引进 AP1000 核电技术，并合作建造 4 台 AP1000 核电机组。AP1000 全球首批项目为中国三门核电厂 1、2 号机组和海阳核电厂 1、2 号机组。其中，三门 1、2 号机组分别于 2009 年 4 月 19 日和 2009 年 12 月 15 日开工，并于 2018 年 9 月 21 日和 2018 年 11 月 5 日投入商业运行；海阳 1、2 号机组分别于 2009 年 12 月 28 日和 2010 年 6 月 21 日开工，并于 2018 年 10 月 22 日和 2019 年 1 月 9 日投入商业运行。

3. EPR 概述

EPR(European Pressurized Reactor)是由法国阿海珐集团研发的第三代核电技术。EPR 是四环路超大功率核电机组，电功率为 1650MW。EPR 的堆芯由 241 组 17×17 形式的 AFA 3GLE 或 HTPLE 燃料组件组成。堆芯可以完全使用 UO_2 燃料，也可以装载 30%～50%堆芯的铀钚混合氧化物(mixed oxide fuel，MOX)燃料。从第二循环开始，堆芯采用低泄漏(IN-OUT)装载方式，换料周期 12～24 个月，能够在大范围功率内进行功率调节和负荷跟踪。堆芯有 89 组棒束控制组件，包括 36 组控制棒组和 53 组停堆棒组。堆芯的径向设置了重反射层，在提高中子经济性的同时，减少了对反应堆压力容器的辐照，延长了反应堆压力容器的寿命。

EPR 重要的专设安全系统由四个 100%容量的系列组成，每个系列对应一个环路，系列间不需要母管相连、没有交叉。专设安全系统的支持系统包括设备冷却水系统、重要厂用水系统、应急电源系统等，同样由四个系列组成，各自对应一个安全系列。专设安全系统和支持系统的四个系列分别布置在四个分区，实现了完全的物理隔离，一个分区内的安全系统和支持系统不会影响其他分区的功能，特别是有两个分区分别布置在安全壳的两侧，实现空间位置的隔离。

EPR 采用了双层安全壳，提高了内层预应力混凝土安全壳的设计压力，设置了专门用于在严重事故中启动的安全壳喷淋系统。完善的安全壳底板保护，将堆芯熔融物滞留在限定的区域内。采用非能动的方式，对熔融物进行冷却，保证安全壳的完整性。设置了环廊通风系统，在双层安全壳之间保持负压，收集内、外层安全壳的泄漏，保证不会向安全壳外直接泄漏。在设备间和穹顶共设置了 47 个氢气催化复合器，能够支持整体对流，使大气均匀化，降低局部氢气浓度峰值。

采用 EPR 技术的广东台山核电厂 1、2 号机组分别于 2009 年 11 月 18 日和 2010 年 4 月 15 日开工建造，并于 2018 年 12 月 13 日和 2019 年 9 月 7 日投入商业运行。

1.2 国际评估方法

1.2.1 INPRO 评估方法

IAEA 在 2000 年启动了创新型核反应堆和燃料循环国际项目(INPRO)，致力于确保核能在 21 世纪以可持续的方式对满足能源需求作出贡献，并谋求聚所有感兴趣的成员国之力，以实现在核电站和燃料循环领域想要的创新[2]。INPRO 项目的一个任务是开发一个方法，用以在全球、地区或国家基础上评价创新型核能系统，其成果即是 INPRO 评估方法。

INPRO 评估方法将可持续发展在经济、环境、社会、制度四个维度的要求分解到安全、经济、环境、废物管理、防核扩散、实物保护、核基础、核燃料循环设施安全等领域,并采用自上而下的体系,将每个领域内的总目标逐级分解到基本原则(basic principle, BP)、用户要求(user requirements，UR)和评估准则(criteria，CR)三个层级。最顶层的基本原则，描述了给定堆型在相应领域应达到的总体目标；中间的用户要求，描述了给定堆型为获得用户接受所必须满足的条件，提供了该堆型达到总体目标的方法；底层的评估准则包括指标(indicator，IN)和接受限值(acceptance limit，AL)，用以判断给定堆型是否满足指定的用户要求以及满足的程度。INPRO 评估方法领域如图 1.2 所示。

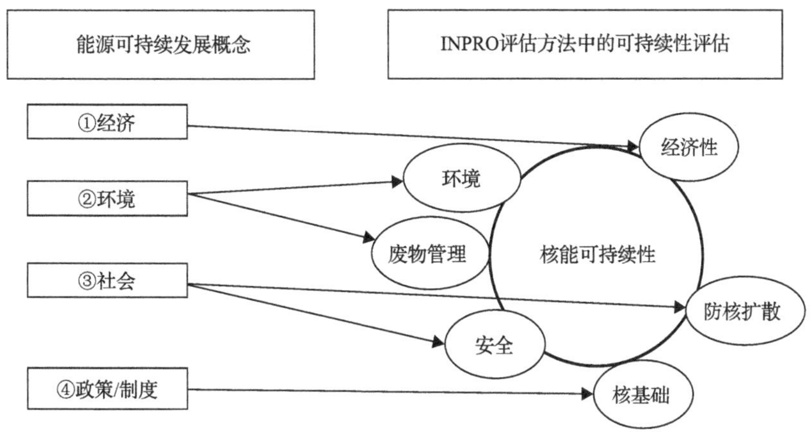

图 1.2　INPRO 评估方法领域示意图

在使用 INPRO 评估方法对某个具体核能系统开展评估时，采用自下而上的方式：

(1)对被评估核能系统满足特定评估准则的潜力做出判断，如果其指标值可接受，表明该核能系统具有满足该评估准则的潜力；否则，说明该系统没有潜力满足该评估准则。

(2)针对用户要求的所有评估准则逐一开展评估工作。

(3)针对基本原则的所有用户要求逐一开展评估工作。

(4)针对 INPRO 某一评估领域内的所有基本原则逐一开展评估工作。

(5)针对 INPRO 所有评估领域逐一开展评估工作。

INPRO 评估方法共有 8 个基本原则、42 个用户要求、115 个评估准则，如表 1.1 所示。INPRO 评估方法体系如图 1.3 所示。

表 1.1　INPRO 评估方法的基本原则、用户要求、评估准则汇总表

领域	基本原则	用户要求	评估准则
安全	1	7	28
经济性	1	4	8
核基础	1	6	19
废物管理	1	3	9
防核扩散	1	5	11
实物保护	1	12	28
环境	2	5	12
合计	8	42	115

注：表中数字代表该领域的基本原则、用户要求、评估准则的条数。

INPRO 评估方法服务于两类用户：技术所有者和技术使用者。技术所有者用 INPRO 评估方法来评估待开发或开发中的产品，其作为核能系统的一个组成部分，是否将要

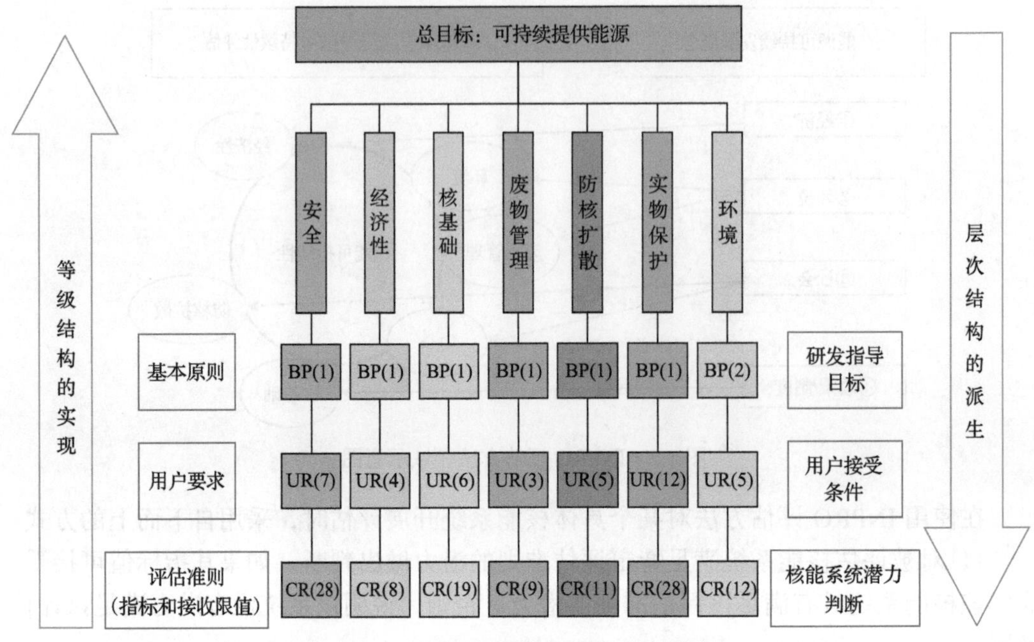

图 1.3　INPRO 评估方法体系示意图

或已经满足 INPRO 用户要求及满足的程度如何，从而确定将来开发出来的产品在商业应用上是否具有足够的竞争力。技术使用者，如投资方、决策者、核电业主等，用 INPRO 评估方法对多个能源提供方案或多个核电堆型进行对比评价，从中优选出更具竞争力的能源提供方案或核电堆型。

INPRO 评估方法是一个综合的、全面的评估方法。INPRO 评估方法并不具体指导如何设计一个核能系统或核能系统的某个组成部分，而是聚焦于如何评估核能系统是否满足 INPRO 相应领域的评估准则，进而满足用户要求和基本原则。评估者应该是 INPRO 某一领域的专家，虽然并不要求评估者能够亲自进行计算分析得到相应的指标值，但要求评估者能判断相应指标是否满足接受准则，并对指标值计算过程是否合理做出专家判断。同时，要求评估者对被评估的核能系统有足够的了解。

INPRO 评估方法创建之后，该项目组经过 14 项案例测试研究，验证其适用性、一致性和完整性，于 2008 年形成了一套完整的 INPRO 评估方法用户手册(IAEA-TECDOC-1575/Rev.1 系列)，并根据各方的应用及研究经验，不断改进评估方法。其中安全、废物管理两个领域的基本原则、用户要求和评估准则等都有明显的修改(数量减少)；环境领域则在环境污染物方面对用户要求和评估准则进行细化，防核扩散领域则在评估准则方面有进一步的提炼。另外一个明显的变化是，早期的 INPRO 方法是基于被评估堆型的指标值与接受限值的对比来判断是否满足相应的评估准则、进而判断被评估堆型是否有可持续发展潜力；最近的 INPRO 评估方法则倾向于将被评估堆型指标值与参考堆型相应指标值进行对比，以判断被评估堆型是否在该指标方面优于参考堆型。这种与参考堆型对比的方法体现了创新堆型的演化与改进。

1. 测试案例 1

一个由中国、法国、印度、日本、韩国、俄罗斯、加拿大、乌克兰参与的联合研究项目(2005～2007 年)，其主要目的是：①确定联合研究工作的框架和领域；②评估一个包含快堆的闭式核燃料循环(CNFC-FR)满足 INPRO 方法评估准则的能力及程度；③确定部署 CNFC-FR 的里程碑节点[4]。

该联合研究分两步开展。第一步：参研专家根据国家和全球的能源需求，定义一个基于已证实技术(如钠冷、MOX 燃料、先进水法后处理技术等)的、可在未来 20～30 年内部署的 CNFC-FR 核能系统作为评估对象。第二步：联合研究的参与方评估 CNFC-FR 的特征是否满足 INPRO 评估方法各个领域所定义的评估准则，并对经济性、安全、环境、废物管理、防核扩散等领域进行了评估。

联合研究工作获得了经济性、安全、环境、废物管理、防核扩散等领域的评估结论。除了各领域详细的改进建议外，也有几个通用的建议与反馈：①应开发一个方法来解决不同研发阶段伴随的评估不确定度问题；②环境和防核扩散领域的评估方法需要进一步完善；③INPRO 评估方法应能更清晰地区分在核能系统开发中的某个组成部分的不同选项。相应的研究成果形成了技术报告 IAEA-TECDOC-1639。

2. 测试案例 2

白俄罗斯对 AES-2006 核电厂的综合评估(IAEA-TECDOC-1716，2013 年发布)[5]。采用 INPRO 评估方法对白俄罗斯计划修建的核能系统的长期可持续性进行评价，该核能系统由一个 AES-2006 核电厂和相关的废物管理设施构成，其核燃料计划从国外采购、乏燃料返还给供应商。

该评估活动对 INPRO 评估方法的所有领域，包括经济性、安全、核基础、废物管理、防核扩散、实物保护、环境等，开展了非常详尽的评估。评估报告(IAEA-TECDOC-1716)简要介绍了白俄罗斯的能源供应情况，然后分领域详细介绍了评估的结果。每个领域一章，给出领域内的总目标、基本原则、用户要求、评估准则，并给出 AES-2006 堆型在每个评估准则方面的表现，以此判断是否满足每个评估准则，进而判断是否满足用户要求、基本原则及满足程度，最终给出 AES-2006 堆型可持续发展的潜力。

评估结果表明 AES-2006 具有长期的可持续性。在 INPRO 评估方法的部分领域，由于该核电工程处于早期阶段(该评估活动是 2013 年之前完成的，AES-2006 处于早期阶段是针对 2013 年而言的)，部分必要的信息缺失，将来还需要补充缺失的信息并完成评价。

1.2.2 INPRO KIND 评估方法

KIND-AT(Key INDicator-Assessment Template)是由 INPRO 合作项目 KIND(关键指标)结合多目标、多属性值理论开发的一个基于 Excel 模板的、针对多个创新型核能系统的现状、前景、优势和风险进行综合比较评估的关键指标评估方法[6]。通过权重因子将不同维度/领域(如经济、风险、收益等)的指标组合起来，实现不同核能系统的定量对比分析。基本思路是在不同层级上使用权重因子，以体现不同评估准则、评估指标的相对重要程度。

$$\text{Value} = \sum_{i=1}^{N} W_i \times V_i \tag{1.1}$$

$$\sum_{i=1}^{N} W_i = 1 \tag{1.2}$$

式中，W_i为指标 i 的权重因子；V_i为指标 i 的(无量纲)值。

在实际操作中，可采用直接加权求和的方式将基本上相互独立的指标综合起来。具有不同单位(量纲)的指标是无法直接相加的，因此需先基于指标的打分规则，将原始的、带单位(量纲)的指标值转化成一个无量纲的数值，方可加权求和。打分规则反映了原始指标值变化对于结果的影响，其可以是线性变化的也可以是指数变化的。

KIND 方法中提出了关键指标(key Indicator)和次要指标(secondary Indicator)，如表 1.2 所示。

表 1.2　KIND 指标集

评估领域	指标类型	指标名称	缩写
安全	关键指标	阻止放射性释放的潜力	S.1
		概念设计中固有安全与非能动特性与系统	S.2
		堆芯熔化与大规模放射性释放概率	S.3
		水源条件	S.4
		短期与长期事故管理	S.5
	次要指标	应对外部事件及内部与外部事件的组合的能力	SS.1
		在役检查与设备零部件替换的供应	SS.2
		换料安全与乏燃料操作	SS.3
		冷态下核设施安全	SS.4
		材料退化机制与影响	SS.5
		实物保护制度	SS.6
经济性	关键指标	平准化能量产出或劳务成本	E.1
		研发成本	E.2
	次要指标	特定隔夜资金成本	SE.1
		非电力服务和能量产出的适用性	SE.2
		负荷因子	SE.3
废物管理	关键指标	特定放射性废物总量	WM.1
	次要指标	衰变热	SWM.1

续表

评估领域	指标类型	指标名称	缩写
防核扩散	关键指标	核材料吸引力	PR.1
		技术吸引力	PR.2
		安保措施	PR.3
	次要指标	实物保护	SPR.1
环境	关键指标	开采的单位质量铀/钍所产生的有用的能量	ENV.1
	次要指标	指定稀有材料的充足供应能力评估	SENV.1
技术成熟度	关键指标	设计阶段	M.1
		技术成熟所需的时间	M.2
		标准化程度与许可适应性	M.3
	次要指标	基础方法的验证程度	SM.1
		已验证技术的比例	SM.2
		潜在副产品	SM.3

1.2.3 GIF 评估方法

为了解决核能发展所面临的铀资源短缺和核废料处理两大难题，保持核能的长期可持续发展并减少环境忧虑，促使核能成为真正的清洁能源，美国、法国等 9 个国家于 2000 年 1 月牵头成立了第四代核能系统国际论坛（GIF）。

GIF 将可持续发展的宗旨分解到可持续性、安全性与可靠性、经济性、防核扩散与实物保护四大领域，并提出了八个技术目标，如图 1.4 所示，其具体评估指标、准则等

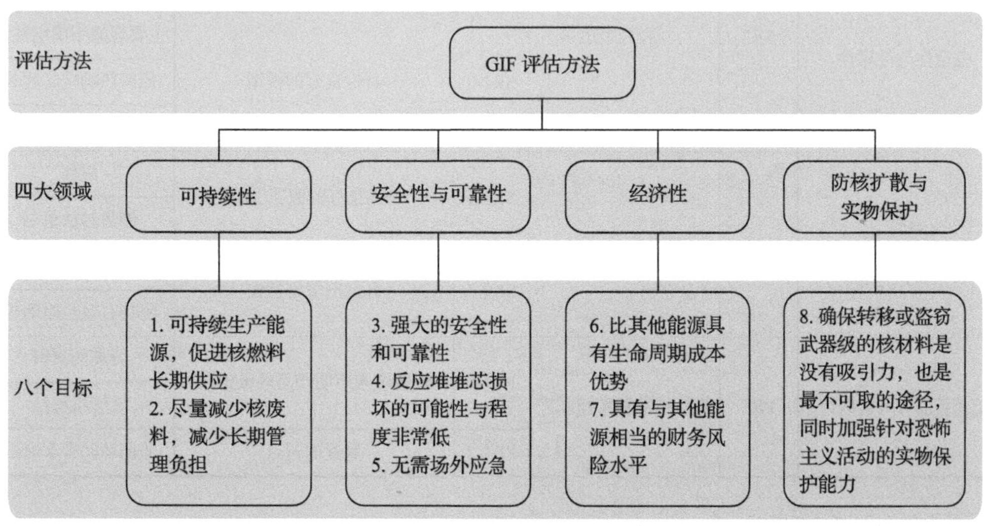

图 1.4 GIF 评估方法的领域划分与技术目标

见表 1.3。为了推进反应堆评估工作，成立了经济建模工作组(Economic Modeling Working Group，EMWG)、风险和安全工作组(Risk and Safety Working Group，RSWG)、防核扩散和实物保护工作组(Proliferation Resistance & Physical Protection，PR&PP)。

表 1.3　GIF 评估目标、准则、指标汇总表[1]

目标领域	目标		准则		具体指标
可持续性	SU1	资源利用	SU1-1	燃料利用	燃料资源利用
	SU2	废物最小化和废物管理	SU2-1	废物最小化	废物质量
					体积
					热负荷
					放射性
			SU2-2	废物管理和处置的环境影响	环境影响
经济性	EC1	寿期成本	EC1-1	隔夜建设成本	隔夜建设成本
			EC1-2	生产成本	生产成本
			EC1-3	建设周期	建设周期
	EC2	资本风险	EC2-1	隔夜建设成本	隔夜建设成本
			EC2-2	建设周期	建设周期
安全性与可靠性	SR1	操作安全和风险	SR1-1	可靠性	强制停堆率
			SR1-2	工作人员/公众常规照射	常规照射
			SR1-3	工作人员/公众事故照射	事故照射
	SR2	堆芯损伤	SR2-1	强健的安全特性	可靠的反应性控制
					可靠的余热导出
			SR2-2	特性良好的模型	主要现象不确定性低
					燃料热响应时间长
					试验模化
	SR3	场外应急响应	SR3-1	特性良好的源项/能量	源项
					能量释放机制
			SR3-2	强健的缓解特性	系统时间常数长
					阻挡有效且时间长
防核扩散与实物保护	PR1	防核扩散和实物保护	PR1-1	转移或未声明产品的敏感性	分离的材料
					乏燃料特性
			PR1-2	装置的弱点	非能动的安全特性

1. 安全性和可靠性

风险和安全工作组(RSWG)于 2009 年提出了以一体化安全评估方法(integrated

safety assessment methodology，ISAM)为核心的一整套安全评价方法学[7,8]，并将其推广应用于反应堆设计的整个环节，以监控和评价第四代核能系统的各项风险和安全指标。

对于第四代核能系统，ISAM 的目标是通过在最初阶段对概念和设计发展方向加以引导来实现“固有安全(built-in)”，而非“外加安全(added on)”。“外加安全”作为传统的做法，是采用系统安全分析工具对相对成熟的设计进行安全评价，然后通过增加额外的设计进行修补；“固有安全”则是安全评价在早期就介入设计，及早发现设计漏洞，提出并开发新的安全规程和设计改进。

ISAM 方法包括五个截然不同的分析工具：定性安全特性评价(qualitative safety-features review，QSR)、现象识别排序表(phenomena identification and ranking table，PIRT)、目标条款树(objective provision tree，OPT)、确定论和现象分析(deterministic and phenomenological analyses，DPA)、概率安全分析(probabilistic safety analysis，PSA)。ISAM 方法的核心是概率安全分析。

ISAM 作为一个工具包，其意图在于：在不同设计阶段，每个工具以不同的详细程度来回答特定种类的安全问题。ISAM 作为一个整体，通过提供特定的工具来检查设计演进过程中不同阶段的相关安全问题，允许以分级的方法来分析不同复杂性和重要性的技术问题，从而提供了灵活性。该方法可以很好地进行集成，这一点可从每一分析工具的结果均与其他工具的输入或输出相互支持或关联的事实中得到印证。虽然个别的分析工具可以单独使用，但该方法的价值在于以迭代的方式将每个工具与其他工具一起在整个开发周期中结合使用，从而实现第四代核能系统“在安全、可靠运行方面将明显优于其他核能系统”“堆芯损坏的可能性极低，即使损坏，程度也很轻”“无需场外应急”的安全可靠性目标。

2. 经济性

经济建模工作组(EMWG)成立于 2004 年[9]。EMWG 基于 GIF 采用的第四代反应堆经济目标，开发出了一种标准化成本估算方法，用以在考虑其经济可行性的同时，对未来的核能系统进行评估、比较，并为决策者的最终选择提供可靠的依据。

EMWG 开发的第四代反应堆经济性评估模型，将第四代反应堆研发团队在概念开发和论证过程中准备的成本信息整合在一起，从而确保不同概念之间具有标准格式和可比性。这种方法使 GIF 专家组可以向决策者和系统研发团队概述每个系统的经济性估计情况，以及各种系统是否能够实现第四代反应堆经济性目标。

EMWG 提供了一个标准化的成本估算方案，为决策者提供可靠的依据，以评估、比较和最终选择未来的核能系统。为了给成本估算提供可信依据，在设计初期将基于传统核电厂的建造经验进行估算。从一致性的角度来看，这种做法是可取的，因为它可以为不同反应堆实现概念一致的经济评估提供合理的切入点。

3. 防核扩散和实物保护(PR&PP)

第四代核能系统的技术目标中，PR&PP 与可持续性、安全性与可靠性、经济性并列为四大领域。PR&PP 的目标是：第四代核能系统将进一步确保转移或盗窃武器级的核材料是没有吸引力，也是最不可取的途径，同时还加强针对恐怖主义活动的实物保护能力[10]。

防核扩散要求核能系统(nuclear energy system, NES)阻止通过核材料转移和未申报的方式或主权国家对技术进行不当使用，进而谋求获得核武器或其他核爆炸装置。实物保护则要求 NES 阻止对适用于核爆炸或者放射性扩散装置的材料的偷盗行为，以及国家或地区的敌对力量对其核设施和运输的蓄意破坏行为。

对于一个给定系统，分析人员首先定义一组挑战，然后分析系统响应，进而给出评估结果。在防核扩散和实物保护领域，NES 面临的挑战是由敌对力量和可能的扩散状态带来的。在评价系统响应、确定其对扩散威胁的抵制、确定其防御恐怖分子威胁和蓄意破坏的稳健性时，使用了第四代核能系统的技术和制度的特性。系统响应的结果以 PR&PP 评估的形式表现出来。

该评估方法假设核能系统在包括系统固有的和外在的防护特性方面已经设计好或者至少概念化。固有特性包括系统的物理和工程方面，外在特性则包括规章制度方面。PR&PP 评价的一个主要延伸是阐明固有特性和外在特性之间的相互影响，研究它们的相互作用，并引导路径最优化设计。

PR&PP 评价的结果为三类用户服务：系统设计人员、政策制定者和利益相关者。政策制定者和利益相关者可能对高层级的措施更感兴趣，但系统设计人员可能对与系统设计优化直接相关的措施和评估方法感兴趣。因此，系统响应的分析必须能够提供不同繁简程度的结果。

1.2.4 美国 DOE①评估实践

1. 先进反应堆概念技术审查

美国能源部(DOE)核能办公室(Nuclear Energy，NE)资助了与先进反应堆概念(包括小型模块反应堆和大型系统)相关的研究、开发和示范计划[11,12]。这些先进的概念包括创新的反应堆概念，如钠冷、铅冷或氦冷快堆，高温气冷堆，氟化盐冷却的高温反应堆等。

美国 DOE NE 发布的信息请求(request for information，RFI)中确定了概念评估的 11 个准则，见表 1.4。反应堆供应商提交概念提案以响应 RFI，DOE NE 则组建了一个技术评审委员会(Technical Review Panel，TRP)来评估概念提案，并根据概念提案确定研发需求。

TRP 由来自美国国家实验室、大学、行业和咨询公司的核反应堆技术和监管专家组成，技术评审委员会专家审阅提交的信息，对申请人的自我评估结论和依据进行独立检查，并根据 11 个评估准则来确定研发需求。

① DOE，本书特指美国能源部。

表 1.4 DOE TRP 评估准则

序号	评估准则	序号	评估准则
1	安全	7	市场吸引力
2	安保	8	经济性
3	资源利用及废物最小化	9	评审取证
4	运行能力	10	防核扩散
5	技术成熟度、运行经验、未知或假设	11	研发需求
6	燃料和基础考虑		

2. 美国核燃料循环评估和筛选实践

2011 年底，DOE NE 制定了一项关于核燃料循环方案评估和筛选的研究(简称评估和筛选研究)，旨在加强开展研发活动的优先顺序的基础，确定潜在有希望的核燃料循环选项和相应的所需研发技术目标[13]。研究工作评估和筛选从采矿到处置的整个核燃料循环，包括一次通过式和闭式核燃料循环，以确定与美国目前的核燃料循环相比，取得了实质性进步和有希望的核燃料循环选项。

DOE 成立了来自国家实验室和行业的核燃料循环专家、财务风险和经济性专家，以及决策分析专家组成的评估和筛选团队(Evaluation and Screening Team，EST)，制定了评估和筛选方法以及燃料循环方案的技术信息。

DOE 制定了 9 个评估准则(图 1.5)，大体上界定了经济、安全、环境、防核扩散、安保和可持续性目标，其中前 6 个准则与潜在收益相关，后 3 个准则反映了开发和部署一个新的核燃料循环的挑战。研究工作尽可能全面地对潜在的燃料循环性能进行评估，即评估基于核燃料循环的基本特性而不是具体的实施技术(例如，指定热堆而不是轻水堆或气冷堆)，并假设每个燃料循环都很好地实施。因此，EST 可以创建一套综合的选项，其中包括一次通过式和闭式燃料循环，热中子堆、快中子堆和混合能谱堆，临界和次临界(外部驱动系统)堆，以及铀/钍作为燃料及其他显著的核燃料循环特征；进一步将具有类似物理学性能的核燃料循环选项，收集整理成 40 个燃料循环选项评估组；然后基于 9 个评估准则，比较评估组的相对表现。EST 使用度量数据来评估和筛选燃料循环，并根据评估准则的改进潜力来确定有希望的选项。与此同时，EST 考虑 11 组权重因子和附加参数变化的多个准则，以反映可能的政策指导的范围，并说明具体政策选择的影响。筛选出的有希望的燃料循环选项，其所要求的功能特性，为确定研发(R&D)需求和确定关键技术的具体技术目标奠定了基础。核燃料循环评估和筛选过程见图 1.6。

使用这个评估和筛选框架，EST 确定了四个最有希望的选项和这些核燃料循环所需的研发目标，为 DOE 提供了支持其研发决策的信息。这四个选项都是使用铀燃料快堆的闭式核燃料循环，这一结果与早期的核燃料循环研究一致。鉴于所考虑的核燃料循环的全面性，四个最有希望的核燃料循环选项在所有可能的核燃料循环中是最好的。

但如上所述，必须强调的是，除了研发外，还要在美国开发和开放处置库。该研究还鉴别出了另外 14 个潜在的核燃料循环选项有性能提升改善，但不如上述 4 个最有希望的核燃料循环选项那样高。EST 的评估指标见表 1.5，评估指标、评估准则和应用场景的关系见图 1.7。

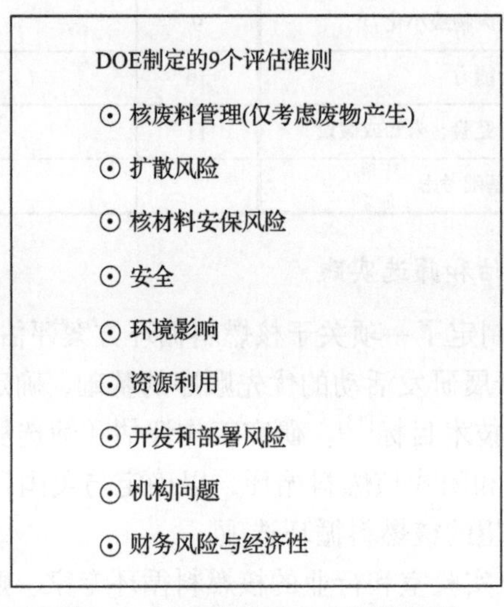

图 1.5 DOE 制定的 9 个评估准则

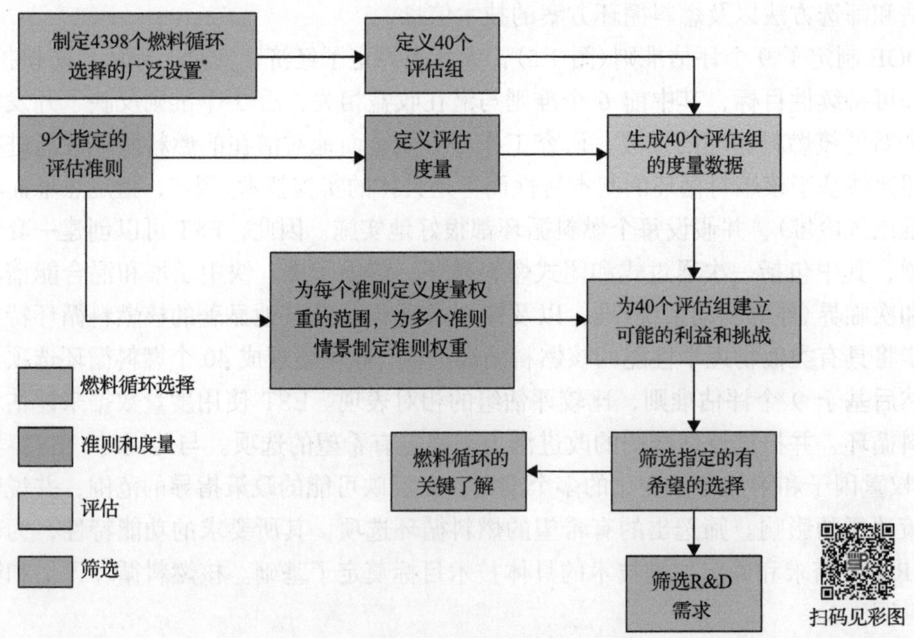

图 1.6 核燃料循环评估和筛选过程

*包括美国能源部核能办公室(DOE NE)外的输入，基于中性物理技术的燃料循环。

注意：所有活动都由独立审查小组(IRT)审查

表 1.5 EST 的评估指标

<table>
<tr><td colspan="3">利益准则</td></tr>
<tr><td rowspan="5">核废物管理</td><td>单位产能产生的需要处置的 SNF+HLW 的质量</td><td>表征需要处置的废物。废物质量是核燃料循环固有的，而其他的特性如体积则依赖于具体的实现技术</td></tr>
<tr><td>单位产能产生的 SNF+HLW 的活度(100 年)</td><td>表征操作、贮存包括处置操作中的辐照和衰变热</td></tr>
<tr><td>单位产能产生的 SNF+HLW 的活度(100000 年)</td><td>表征处置的长期风险</td></tr>
<tr><td>单位产能产生的需要处置的 DU+RU+RTh 的质量</td><td>表征铀相关废物的量</td></tr>
<tr><td>单位产能产生的 LLW 的体积</td><td>表征近地表处置废物的量</td></tr>
<tr><td>扩散风险</td><td>材料吸引力——正常运行状态</td><td>集中于功能层面的技术差别评估</td></tr>
<tr><td rowspan="2">核材料安保风险</td><td>材料吸引力——正常运行状态</td><td rowspan="2">集中于核燃料安保风险的评估</td></tr>
<tr><td>单位产能产生的 SNF+HLW 的活度(10 年)</td></tr>
<tr><td rowspan="2">安全</td><td>解决安全隐患的挑战</td><td>表征核燃料循环固有的安全隐患</td></tr>
<tr><td>部署系统的安全性</td><td>表征阻碍核燃料循环部署的安全事项</td></tr>
<tr><td rowspan="4">环境影响</td><td>单位产能所需要的土地</td><td>表征土地的使用量</td></tr>
<tr><td>单位产能所需要的水</td><td>表征水的使用量</td></tr>
<tr><td>放射性照射——单位产能的工作人员剂量总量</td><td>表征放射性对外部的照射量</td></tr>
<tr><td>碳排放——单位产能排放的二氧化碳</td><td>表征碳排放的量</td></tr>
<tr><td rowspan="2">资源利用</td><td>单位产能所需要的天然铀</td><td>表征铀资源的利用率</td></tr>
<tr><td>单位产能所需要的天然钍</td><td>表征钍资源的利用率</td></tr>
<tr><td colspan="3">挑战准则</td></tr>
<tr><td rowspan="6">开发和部署风险</td><td>开发时间</td><td>表征开发的时间风险</td></tr>
<tr><td>开发成本</td><td>表征开发的成本风险</td></tr>
<tr><td>实施成本</td><td>表征部署的风险</td></tr>
<tr><td>从原型堆到商业化全球首堆的部署成本</td><td rowspan="3">表征制度相关的风险</td></tr>
<tr><td>与现有基础设施的通用性</td></tr>
<tr><td>实行燃料循环的市场鼓励和/或商业实施的壁垒的存在</td></tr>
<tr><td rowspan="3">机构问题</td><td>与现有基础设施的通用性</td><td>表征工业基础的挑战</td></tr>
<tr><td>有关燃料循环的规定以及对批准的友好程度</td><td>表征规章制度的挑战</td></tr>
<tr><td>商业实施的和/或存在壁垒的情况</td><td>表征市场的挑战</td></tr>
<tr><td>财务风险与经济性</td><td>平衡时的平准化发电成本</td><td>表征核燃料循环的经济性</td></tr>
</table>

注：HLW 为高放废物；LLW 为低放废物；SNF 为乏燃料；DU 为贫铀；RU 为回收铀；RTh 为回收钍。

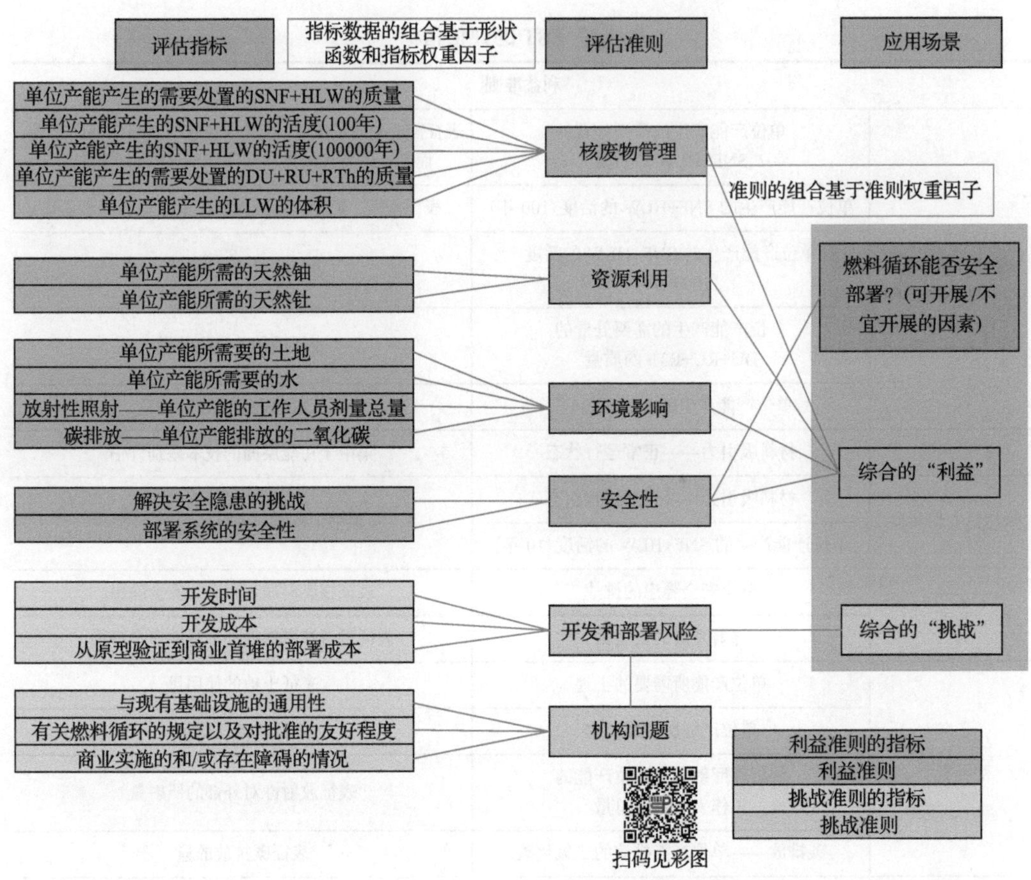

图 1.7　评估指标、评估准则和应用场景的关系

扩散风险准则、核材料安保风险准则、财务风险与经济性准则在研究中被单独分离开来处理，这里并不包括在准则组分析方案中

1.2.5　各方法对比

在先进核能系统评估方面，国际上主要有 IAEA INPRO 评估方法体系及 INPRO KIND 评估方法、GIF 评估方法、美国 DOE 的评估实践等。上述方法的体系基本相同，大都分成若干评估领域，每个领域内设定评估指标及其准则，并使用不同层级的权重因子以同时考虑评估指标、评估准则或评估领域的综合效果。

INPRO 评估方法、GIF 评估方法和 DOE 评估实践，其宗旨都是保障核能在 21 世纪的可持续发展，因此，虽然评估领域的划分有所不同，但这些方法没有本质的差别。INPRO 评估方法分为经济、安全、基础、废物管理、防核扩散、实物保护、环境等领域。GIF 评估方法分为经济、安全性与可靠性、防核扩散与实物保护、可持续性四大领域，其中经济、安全、防核扩散、实物保护领域与 INPRO 评估方法的相应领域直接对应；GIF 评估方法的可持续性领域包含资源利用与环境压力，与 INPRO 评估方法的环境领域以及废物管理领域的部分内容相对应。DOE 针对先进堆概念的技术审查实践所考虑的 11 个准则，其中经济、安全、安保、不增殖准则，分别与 INPRO 评估方法的经济、安全、实物保护、防核扩散领域直接对应；铀资源利用及废物最小化准则与 INPRO 评估方法的环境领域、废物管理领域的部分内容相对应。DOE 的核燃料循环评估和筛选研究中，核废物管理、扩散风险、核材料安保风险、环境影响、资源利用准则，分别与 INPRO 评估方法中的废物管理、防核扩散、实物保护、环境领域相对应；而开发部署风险、机构问题、财务风险与经济学准则，则分别与 INPRO 评估方法中的基础、经济领域相对应。INPRO 评估方法的领域，与 GIF 评估方法的方面、DOE 评估实践的准则的对应关系如图 1.8 所示。

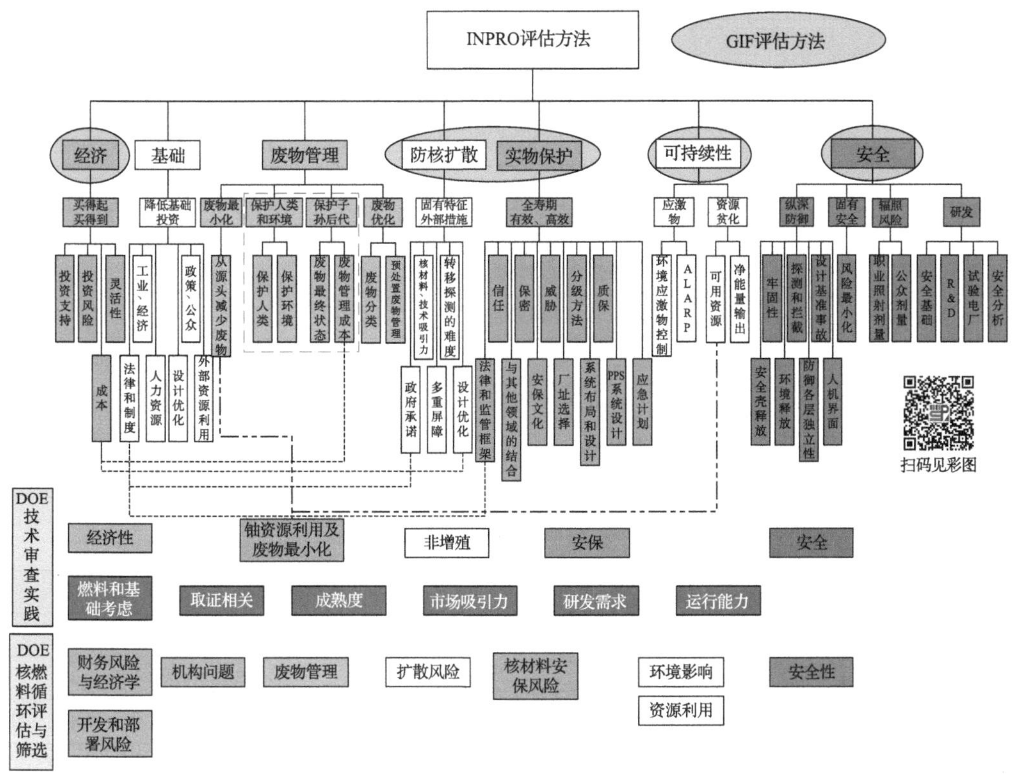

图 1.8　INPRO 评估方法、GIF 评估方法、DOE 评估实践的准则对应关系图

在评估指标层面上，三种方法在各个评估领域的关键指标基本是一致的，不同方法的侧重点略有不同，如表 1.6 所示。

表 1.6　三种评估方法关键指标对比

关键指标	INPRO 评估方法	GIF 评估方法	DOE 评估实践
经济	单位能源产品或服务成本	隔夜建设成本	平衡时的平准化发电成本
			开发时间
			开发成本
			实施成本
		生产成本	从原型堆到商业化全球首堆的部署成本
	研发成本		与现有基础设施的通用性

续表

关键指标	INPRO 评估方法	GIF 评估方法	DOE 评估实践
经济	研发成本	建设周期	商业实施燃料循环的市场鼓励和/或存在的障碍
			与现有基础设施的通用性
		隔夜建设成本	有关燃料循环的规定以及对批准的友好程度
			市场鼓励和/或商业实施的壁垒的存在
安全	阻止放射性释放的潜力	可靠性	解决安全隐患的挑战
	概念设计中固有安全与非能动特性与系统	工作人员/公众常规照射	
	堆芯熔化与大规模放射性释放概率	工作人员/公众事故照射	解决安全隐患的挑战
	源项	强健的安全特性	部署系统的安全性
		特性良好的模型	
	短期与长期事故管理	特性良好的源项/能量	
		强健的缓解特性	
废物管理	特定放射性废物的量	废物最小化	单位产能产生的需要处置的SNF+HLW 的质量
			单位产能产生的 SNF+HLW 的活度(100 年)
		废物管理和处置的环境影响	单位产能产生的 SNF+HLW 的活度(100000 年)
			单位产能产生的需要处置的DU+RU+RTh 的质量
			单位产能产生的 LLW 的体积
可持续性	开采的单位质量天然铀/钍所产生的有用的能量	燃料利用	单位产能所需要的土地
			单位产能所需要的水
			放射性照射——单位产能的工作人员剂量总量
			碳排放——单位产能排放的二氧化碳
			单位产能所需要的天然铀
			单位产能所需要的天然钍
防核扩散与实物保护	核材料吸引力	转移或未声明产品的敏感性	材料吸引力——标准运行状态下
	技术吸引力	装置的弱点	单位产能产生的 SNF+HLW 的活度(10 年)
	安保措施		
其他	设计阶段		
	技术成熟所需的时间		
	标准化程度与许可适应性		

但是，INPRO 评估方法、GIF 评估方法、DOE 评估实践，又不完全相同。

INPRO 评估方法是一种全面详尽、成体系的方法。在适用范围方面，该评估方法几乎适用于 IAEA 所有成员国，涵盖核能发达国家、核能发展中国家以及尚未利用核能的国家。在应用对象方面，INPRO 评估方法覆盖了一个核能系统的方方面面，从核燃料循环前端、核电站，到核燃料循环后端。在具体的应用中，INPRO 方法既可用于整个核燃料循环，也可用于核能系统的某个组成部分，如核电站等；既可对所有的领域开展评估，也可对部分领域开展有限范围的评估。

INPRO 评估方法依赖于具体的指标值和接受准则，对指标是否满足接受准则进行定量的评估或定性的判断，依据具体的指标是数值型或逻辑型而定(若为数值型则进行定量评估，若为逻辑型则进行定性评估)。其自下而上，依次判断是否满足评估准则、用户要求、基本原则，从而判断该核能系统可持续发展的潜力。因此，使用该方法需要堆型的研发工作进行到一定的深度。如果没有足够的信息可用，那么相应的评估工作所能起到的作用是比较有限的。

INPRO 评估方法体系集中于评估工作，即指标是否满足接受准则。INPRO 评估方法体系中对于指标值的计算，有一些领域给出了明确的指导，但更多的领域只提出了要求而没有提供具体的计算方法或流程。INPRO 评估方法要求评估专家熟悉 INPRO 评估方法、评估领域，以及被评估的核能系统，并能够判断指标值是否是合理的，且是否满足接受准则，并不要求评估专家自己完成指标值的计算工作。

总体而言，INPRO 评估方法提供了一个基础的体系框架。在具体的案例应用中，需要评估者基于评估目标和实际情况，开展相应的研究工作，策划一个有针对性的评估方案，例如，可以对部分准则进行修改甚至引进新的准则，选定关键指标，指定各指标的权重等。

IAEA KIND 合作项目组的工作，则是对 INPRO 评估方法的一个完善补充，首先提出了 15 个关键指标、15 个次要指标，并明确了打分规则和权重因子，从而基于多属性目标理论实现多个系统的定量对比评估。IAEA KIND 合作项目完善了 INPRO 评估方法中关于打分规则和权重因子的缺失，使得 INPRO 评估方法的对比评估功能更加实用。

与 INPRO 评估方法不同，GIF 评估方法专注于反应堆的评估，更适用于经济合作与发展组织(OECD)成员国。随着堆型研发工作的深入和不断迭代，评估工作逐渐细化，可以逐步减小评估结果的不确定度。在反应堆的概念甚至初步概念的设计阶段，其技术细节信息有限或者设计尚未完善，可通过定性描述与专家判断进行初步的定性评估。

GIF 评估方法中，对于经济、风险与安全、防核扩散和实物保护方面的评估，既有评估的要求和准则，又有指标的计算方法，其可操作性较强。GIF 评估方法要求评估专家应是被评估堆型方面的专家，并基本能够完成相应领域的指标计算与评估。GIF 评估方法要求评估专家对被评估堆型的熟悉程度高于 INPRO 评估方法对评估专家的要求。

DOE 对先进堆概念的技术审查实践，是 DOE 向堆型研发单位发出信息需求表，由各研发单位填写自己所开发堆型的信息并返回；然后由技术评审委员会根据各堆型的描述信息，依据专家经验进行定性的评估。该项技术审查实践，是一个针对先进堆(初步)概念的定性评估，所以对专家的要求较高。

DOE 对核燃料循环的评估与筛选研究工作，在方法层面上与 INPRO(结合 KIND)、

GIF 评估方法基本一致，也是基于打分规则、权重因子的一个方法体系。DOE 的评估与筛选针对的是整个核燃料循环，基于相应组成部分的功能、而不是具体地实现技术开展评估；并以美国现有核燃料循环为基础，评估所提出的核燃料循环的性能改善和相应挑战。其使用的评估指标，大部分为数值型指标，也有逻辑判断型指标，可结合打分规则和权重因子，把一个定性的评估转化成一个定量的评估。DOE 的打分规则是将指标值划分为若干个区间，每个区间赋予相同的值；而 KIND 的打分规则是根据指标值连续变化。两者略有不同。

DOE 的评估与筛选研究工作中，在指标层面，采用多套不同侧重的权重因子，并结合线性或指数变化打分规则；在应用场景层面，采用多套不同侧重的权重因子，以开展评估结果的敏感性分析；在评估对象层面，针对的是整个核燃料循环的功能层面，而非具体的实现技术，因此其评估结果更加宏观抽象。DOE 的评估与筛选研究，更侧重于针对核燃料循环宏观的评估与筛选，属于相应研究项目的成果之一，有可供借鉴参考之处，但并不适合直接应用于别的评估研究工作中。

几种方法的关键指标的汇总对比见表 1.7。

表 1.7　INPRO（KIND）评估方法、GIF 评估方法、DOE ES 评估实践的关键指标的汇总对比表

领域	INPRO（KIND）评估方法关键指标	GIF 评估方法关键指标	DOE ES 评估实践关键指标
经济	能源产品或服务的平准化成本、研发成本	隔夜建设成本、平准化成本、建设周期	平准化成本、开发时间、开发成本、实施成本、从原型验证到商业化首堆的部署成本、与现有基础设施的通用性、后处理商业实施的市场激励/障碍、有关燃料循环的规定以及对批准的友好程度
安全	阻止放射性释放的潜力、特定固有安全以及非能动特性和系统的设计理念、堆芯损坏和早期大规模释放概率、源项、短期与长期事故管理	可靠性、工作人员/公众正常照射、工作人员/公众事故照射、强健的安全特性、特性良好的模型、特性良好的源项/能量、强健的缓解特性	解决安全隐患的挑战、部署系统的安全性
废物管理	特定放射性废物的量	废物最小化、废物管理和处置的环境影响	单位产能产生的需处置的 SNF+HLW 质量、单位产能产生的 SNF+HLW 的活度（100 年）、单位产能产生的 SNF+HLW 的活度（100000 年）、单位产能产生的要处置的 DU+RU+RTh 质量、单位产能产生的 LLW 的体积
可持续性	单位质量天然铀/钍所产生的有效能量	燃料利用	单位产能所需要的土地、单位产能所需要的水、放射性照射——单位产能的工作人员剂量总量、碳排放——单位产能排放的二氧化碳、单位产能所需要的天然铀、单位产能所需要的天然钍
防核扩散与实物保护	核材料吸引力、技术吸引力、安保措施	转用或生产未声明产品的容易度、装置的弱点	材料吸引力——标准运行状态下、单位产能产生的 SNF+HLW 的活度（10 年）
其他	设计阶段、技术成熟所需时间、标准化程度与执照许可适应性		

注：SNF 为乏燃料；HLW 为高放废物；LLW 为低放废物；DU 为贫铀；RU 为回收铀；RTh 为回收钍。

几种方法的差异之处汇总于表 1.8。

表 1.8 几种方法的差异之处

评估内容	INPRO（KIND）评估方法	GIF 评估方法	DOE 的 TRP 评估实践	DOE 的 ES 评估实践
适用范围	IAEA 成员国 （核能发达、发展中、尚未利用核能国家）	OECD 成员国	美国	美国
评估体系/方法特点	全面、详尽的基础体系框架、依赖于具体的指标值和接受准则、自下而上定量或定性评估	定性评估迭代过渡到定量评估	定性评估	基于功能层面的定性评估
对评估专家的要求	熟悉 INPRO 方法、评估领域，能够判断指标值是否合理、是否满足接受准则，不要求完成指标值的计算	熟悉评估方法、评估领域与评估堆型	依赖于专家的判断	依赖于专家的判断
评估对象	创新型核能系统，或某个组成部件，如反应堆	聚焦于反应堆	先进堆型概念	针对整个核燃料循环系统，基于功能层面的评估
设计方案深度	设计越详细越好	设计越详细越好	设计越详细越好	只需功能层面的描述

1.3 中国先进堆型综合评估方法

1.3.1 评估方法简介

先进堆型的综合评估，其宗旨是保障核能在未来一个可预期时段内的可持续发展。根据核能可持续发展这一总目标对经济、环境、社会、制度四个维度的要求，结合 IAEA INPRO 评估方法、INPRO KIND 评估方法、GIF 评估方法，以及 DOE 的评估实践，提出了中国先进堆型综合评估方法。中国先进堆型综合评估方法由领域和指标、权重因子、打分标准等组成。在领域层面，评估方法将分为经济、安全、可持续性、防核扩散与实物保护四个领域。安全领域包含反应堆安全、辐射安全、废物管理安全三个子领域，每个子领域内有相应的评估指标。可持续性领域为狭义的可持续性，宗旨是保证核能以可持续的方式提供能源，主要考虑资源消耗和环境影响两个子领域，同样每个子领域有相应的评估指标。经济领域、防核扩散与实物保护领域，没有细分子领域，直接由评估指标组成。在具体的评价实践中，既可以对所有的四个领域都开展评价，也可以仅针对关注的部分领域，如经济、安全领域单独开展评价工作。

指标包含定性的评估指标和定量的数据型评估指标。考虑到有一些评估指标包含多个方面，例如，防核扩散与实物保护领域的评估指标“材料吸引力”包含“材料类型”“同位素成分”“物理化学形态”等，根据需要形成评估子指标。同一领域（子领域）的指标之间是相互独立的。每个领域的具体指标，将在后续的各章节进行详细介绍。

为了满足不同堆型/方案对比评估的需求，需要基于多目标、多准则评估的原则，采用权重的方式将多个指标的评估结果整合起来，形成综合的评估结果。而为了实现不同指标的评估结果的加权求和，则需要将每个指标（子指标）原始的评估结果，基于相应的打分规则，转换成一个无量纲的指标值。例如，经济领域的指标平准化发电成本（LUEC），由原始的计算结果根据指标平准化发电成本的打分规则，给出相应的分值，如1～10分。

考虑到该评估方法体系由领域、指标（子指标）组成，因此有领域权重因子、指标（子指标）权重因子。领域权重因子反映了不同领域的相对重要程度，由评估活动的发起方根据评估目的和对不同领域的重视程度来确定。指标（子指标）权重因子反映了同一领域内不同指标（子指标）的重要程度。

在评估方法中，对评估指标也粗略地给出其适用的阶段，方便用户使用。

在具体堆型或具体方案的评估活动中，将分为以下几个步骤：①评估方案策划与准备；②评估参数准备及确认；③评估工作；④评估总结及反馈。

在评估方案策划阶段，由评估活动牵头方根据评估目的和关注的重点，确定需开展评估的领域，以及不同领域的权重因子（一套或数套不同侧重的权重因子）。考虑到评估过程中，既有定性指标，又有定量指标，对专家经验的要求比较高，因此建议邀请相关领域的资深专家提供技术支持。在评估准备阶段，完成评估团队组建后，需要评估活动牵头方与各方充分沟通、交流、讨论评估方法与评估目的、关注的重点等。另外，评估活动主办方需要与堆型研发设计单位协调确定堆型方案，堆型方案应能代表该堆型的主要技术特点，堆型方案的信息应尽可能详细，可通过专家咨询会的方式确定堆型方案是否合适。

评估指标原始结果的准备，将由评估活动牵头方与具体堆型（设计方案）研发单位共同完成，以堆型研发单位为主、评估活动牵头方辅助。通过双方充分的交流与沟通，堆型研发方理解堆型评估所需要的输入参数，包括直接输入参数和确定直接输入参数的支持信息，从而基于具体的堆型设计方案，直接准备出评估指标所需的输入参数，或者提供确定输入参数所需要的支持信息，由评估活动牵头方准备输入参数。对于数值型定量指标，如平准化发电成本、单位建设成本、设计基准事故或扩展工况的不干预时间、放射性物质大量释放概率、职业照射剂量等指标，应最终给出相应指标具体的数值。对于定性指标，应给出相关方面的详细描述（包括具体的实现技术，而不仅是功能层面的技术需求）。

作为堆型评估的输入参数，评估指标值或对堆型相关特性的描述直接决定着评估结果，其合适与否至关重要。因此，先进堆型综合评估工作输入参数的准备，是整个评估工作中核心、关键的工作。先进堆型大多会使用新技术或创新型设计，评估活动涉及新技术研发或创新型设计的预期，评估结果是有不确定度的，此不确定度与所评估新技术或新设计的成熟度负相关。为确保堆型研发单位提供的评估指标原始结果是合适的，可通过行业内专家评审的方式来评审评估指标原始结果的适当性。

有了经过论证的评估指标原始结果后，就可以根据指标评估准则按照打分规则进行打分，将评估指标原始结果转化成无量纲的指标分值。逐一完成某一领域内所有指标（子指标）的打分之后，可以根据该领域内各指标（子指标）的权重，通过加权求和的方式得到该领域的得分。逐一完成所有领域的评估后，根据评估领域的权重，通过加权的方式得到该堆型（设计方案）的总得分。此即为该堆型（设计方案）评估的最终结果。

针对多个堆型，可考虑基于多套不同侧重的权重因子，研究不同堆型方案的评估结果的敏感性，即在不同的重点关注领域下，相应堆型方案的评估结果的变化。

目前，基于国内先进堆型的研发现状，堆型评估将聚焦于反应堆本身，简化处理核燃料循环前端和后端的影响。对于安全领域、防核扩散与实物保护领域，将集中于反应堆的固有特征，侧重于堆型本身的技术方案，暂不考虑外部措施或行政管理措施、业主规章制度、企业文化或核安全文化等带来的影响。

1.3.2 评估指标简介

中国先进堆型综合评估方法的指标集结构如图 1.9 所示。表 1.9 给出了各评估领域的指标及其子指标、指标适用阶段、本领域内指标权重、指标说明和指标打分规则等内容。

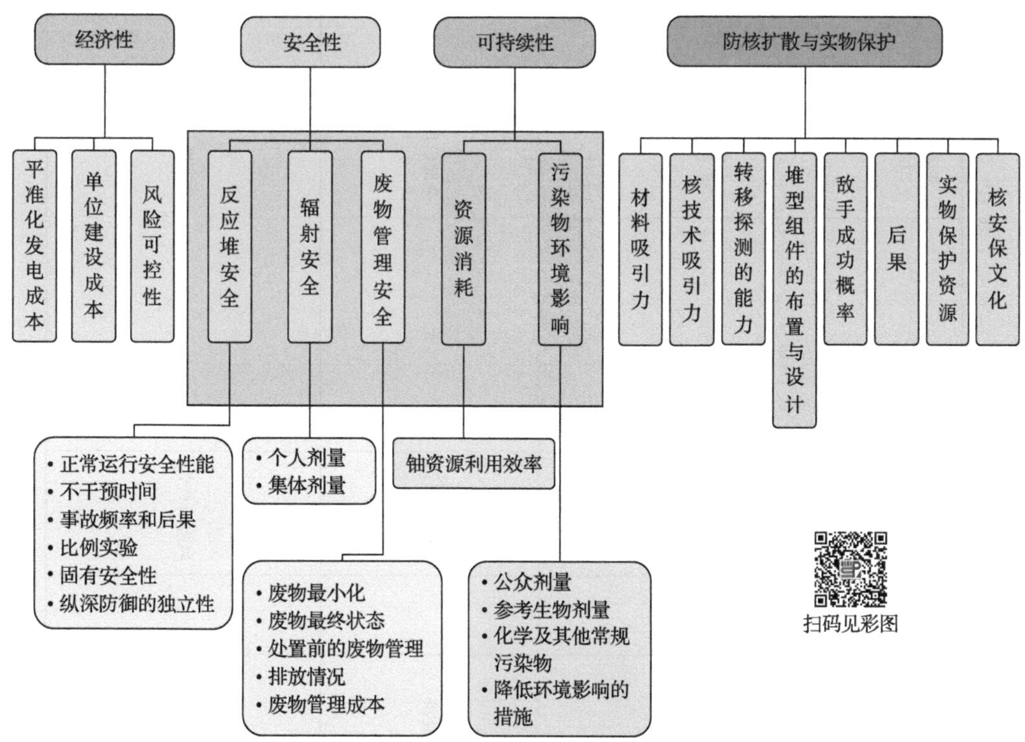

图 1.9　中国先进堆型综合评估方法的指标集结构示意图

表 1.9　中国先进堆型综合评估指标集

序号	评估领域	评估子领域	评估指标	子指标(评价参数)	指标适用阶段	指标权重(在本领域内)/%	指标说明	指标打分规则
1	经济		平准化发电成本	无	全部阶段	50	电厂在经济评价期内的平准化发电成本。该成本需要通过预测建设成本、燃料成本、运维成本进行计算。在项目较早阶段虽然无法给出确定的建设成本，但一方面确定设计目标时应受到建设投资的制约，另一方面可以通过类似技术的案例调整获取。燃料成本应通过燃料设计特点进行预计，运维成本也可以通过在成熟电厂的成本上进行调整测算获取。虽然这样的结果较为粗糙，但确实是初期阶段进行经济性预测的重要途径	该值高低即说明经济性优劣。指标理想目标值可以是市场中其他发电技术的平准化发电成本。对于创新技术，可适当放宽条件。实际上，不必局限指标和目标值的对比关系，更关注的是机型之间的指标对比关系
2	经济		单位建设成本	无	全部阶段	30	建设电厂的全部支出(折算至单位千瓦)。计算发电成本中的关键要素是建设成本，因此给出建设成本的计算过程及结构，是判断建设成本和发电成本合理性的重要衡量	该值高低即说明经济性优劣。该指标不必给出理想目标值，其意义更多是通过不同发电技术之间的对比衡量融资难度，也通过单位建成价和功率预计需要的资金额度。单位建成价更高、资金额度更大的技术在项目启动时融资困难更大，面临的实施挑战更大
3	经济		风险可控性	无	全部阶段	20	定性和定量衡量核电投资风险，包括风险发生的可能性和风险发生对投资效益的影响程度	投资风险是否可控和能否被接受，是经济性高低的评判依据。风险发生对效益的影响可通过针对平准化成本和建设成本开展单因素或多因素敏感性分析定量测算。但风险的高低需要设计者以及相关单位对技术成熟度、建设周期合理性、市场条件、政策环境等方面开展大量分析判断，属于定性分析和定量分析相结合

续表

序号	评估领域	评估子领域	评估指标	子指标(评价参数)	指标适用阶段	指标权重(在本领域内)/%	指标说明	指标打分规则
4	安全	反应堆安全	正常运行安全性能	停堆因子	运行阶段	5	安全相关参数的设计值与真实值的差，包括压力、温度、载荷、疲劳等。给出预计运行事件(AOO)的频率。在开发阶段需要考虑如何保证系统的可用性和可达性	满分 10 分：由评价者根据提供的内容进行评判，0～10 分
				电厂可用性	运行阶段	5		
				系统正常运行的稳健性	运行阶段	10		
5	安全	反应堆安全	不干预时间	预计运行事件不干预时间	详细设计阶段	10	预计运行事件操纵员不干预时间，主要指探测、诊断、采取措施需要的时间	满分 10 分：不干预时间大于 30min，得 10 分；不干预时间小于 30min，得 0 分
				设计基准事故不干预时间	详细设计阶段	5	设计基准事故操纵员不干预时间，主要指自动或非能动安全系统的动作为操纵员提供的时间	满分 10 分：不干预时间大于 8h，得 10 分；不干预时间小于 8h，得 0 分
				设计扩展工况不干预时间	详细设计阶段	5	设计扩展工况操纵员不干预时间，主要指自动或非能动安全系统的动作为操纵员提供的时间	满分 10 分：不干预时间大于 8h，得 10 分；不干预时间小于 8h，得 0 分
6	安全	反应堆安全	事故频率和后果	设计基准事故频率	详细设计阶段	5	降低可导致电厂损坏的事故频率，设置了足够的安全设施可以将电厂恢复到受控状态(无须人员动作)	满分 10 分：由评价者根据提供的内容进行评判，0～10 分
				堆芯损坏频率	详细设计阶段	5	计算的堆芯损坏率低，设置足够的缓解措施，且有进行分析的程序	满分 10 分：小于 10^{-5}/(堆·年)，得 10 分；大于 10^{-5}/(堆·年)，得 0 分
				释放到环境的频率	详细设计阶段	5	计算的大量放射性释放到环境的频率低	满分 10 分：小于 10^{-6}/(堆·年)，得 10 分；大于 10^{-6}/(堆·年)，得 0 分
				事故后果	详细设计阶段	5	计算的大量放射性释放到环境的频率低，且计算的释放后果足够小，不需要必要的疏散，即不需要进行场外撤离或搬迁	满分 10 分：小于 10^{-6}/(堆·年)，得 10 分；大于 10^{-6}/(堆·年)，得 0 分
7	安全	反应堆安全	比例实验	无	概念设计阶段	15	进行可信的比例试验或全尺寸试验	满分 10 分：能证明原型的重要现象都有可信的比例试验，得 10 分；部分试验，得 1～9 分；没有比例试验，得 0 分

续表

序号	评估领域	评估子领域	评估指标	子指标(评价参数)	指标适用阶段	指标权重(在本领域内)/%	指标说明	指标打分规则
8	安全	反应堆安全	固有安全性	无	概念设计阶段	15	在设计中考虑固有安全性和非能动系统	满分 10 分：由评价者根据叙述的具体参数数量和计算依据打分
9	安全	反应堆安全	纵深防御的独立性	无	概念设计阶段	10	通过确定论、概率论和风险分析来证明纵深防御的独立性是适当的。纵深防御不同层次之间保持合理可行程度的独立性，一个层次的失效不会影响其他层次，共因和共模故障(尤其是外部事件共同作用)不会导致突破多个纵深防御层次	满分 10 分：由评价者根据叙述的具体参数数量和计算依据打分
10	安全	辐射安全	个人剂量	无	初步设计阶段	40	在评价工作人员职业照射的个人剂量是否满足剂量限值、剂量约束值、设计目标值时所采用的量，在规定期间里内、外照射剂量之和，即规定期间里所受外照射剂量与在同一期间内摄入放射性物质所致的待积剂量之和	对于职业照射的个人剂量和集体剂量，在设计阶段就应当对其运行规定一个剂量约束值，以保证不超过剂量限值，剂量约束可作为辐射防护最优化过程中预期剂量的上限；在设计过程中，必须确保源相关的剂量不会超过约束值
11	安全	辐射安全	集体剂量	无	初步设计阶段	60	对于职业照射，集体剂量是在规定期限内或在指定辐射区域、工作人员群组所实施的某项操作期间内，所有人员受到的照射。在设计阶段，应遵照辐射防护最优化原则或参照良好实践设定集体剂量设计目标。集体剂量的计算原则应符合 GB 18871 中的相关规定。集体剂量的单位一般采用人·Sv/(Unit·a)或人·Sv/(Reactor·a)，在进行比较时也可使用归一化的单位人·Sv/(GWe·a)	

续表

序号	评估领域	评估子领域	评估指标	子指标（评价参数）	指标适用阶段	指标权重（在本领域内）/%	指标说明	指标打分规则
12	安全	废物管理安全	废物最小化	无	选址阶段、建造阶段	30	在核电厂的设计、建造、运行和退役过程中，宜通过源头控制、再循环与再利用、清洁解控、优化处理过程和强化管理等措施，合理可行地使最终放射性固体废物产生量（体积和活度）尽量低。定性判断	如果废物处理工艺技术指标，如临界安全、热量带出条件、放射性排放控制措施、辐射防护措施、活度/体积降低措施、废物形态等满足国家法规标准则为 10 分，否则为 0 分
13	安全	废物管理安全	废物最终状态	无	选址阶段、建造阶段	20	放射性废物经过处理和整备后，送往区域处置场时的状态	经处理和整备后，低放固体废物与固体废物占比达到 70%以上为 10 分，30%～70%为 3～7 分，30%以下为 0 分
14	安全	废物管理安全	处置前的废物管理	无	选址阶段、建造阶段	20	在核电厂内采取的废物管理措施。相关的表征有运行管理水平、相关设备状态、放射性废物产生及消耗材料的使用	根据废物处理技术和设备的成熟度打分。成熟度 1～8 分别对应 1～8 分，成熟度 9 对应 10 分
15	安全	废物管理安全	排放情况	无	选址阶段、建造阶段	20	对气、液相流出物中重要项目如碘、惰性气体等的活度浓度和总活度分别计算后取平均数	对于各项目，零排放为 10 分，排放量达到标准规范的控制值为 6 分，无法达到控制值的为 0 分。活度浓度在 0 和排放限值之间的，线性插值得到分数为 6～10
16	安全	废物管理安全	废物管理成本	无	选址阶段、建造阶段	10	对废物进行管理时消耗的人力、物力	每 0.9GWe·a 废物体积为 0，则为 10 分；废物体积等于 $50m^3$，则为 6 分；废物体积大于 $50m^3$，则为 0 分。单机组年废物体积在 $0～50m^3$ 的，通过线性插值得到分数为 6～10 废物包表面剂量率小于等于 2mSv/h 的为满分，等于现有处置厂的要求为 6 分，高于现有处置厂要求为 0 分。表面剂量率在 2mSv/h 及现有处置厂要求之间的，通过线性插值得到分数为 6～10

续表

序号	评估领域	评估子领域	评估指标	子指标(评价参数)	指标适用阶段	指标权重(在本领域内)/%	指标说明	指标打分规则
17	可持续性	资源消耗	铀资源利用效率	无	全部阶段	100	单位发电量所需天然铀质量[t/(GWe·a)]。天然铀利用效率的计算考虑了在采矿加工、铀转化、富集、燃料制造等燃料生产过程的天然铀损耗	单位质量的发电量[t/(GWe·a)]<3.8，得分(8,10]；在[3.8,35.0)区间，得分(6,8]；在[35.0,145.0)区间，得分(4,6]；≥145，得分(2,4]
18	可持续性	环境影响	公众剂量	无	全部阶段	30	NES释放的放射性核素对关键人群组的最大个人剂量应低于国家限值(剂量约束值)	满分10分：公众剂量小于10μSv/堆，得10分；满足剂量限值要求，但不小于10μSv/堆，得6分；不满足剂量限值，得0分
19	可持续性	环境影响	参考生物剂量	无	全部阶段	20	NES释放的放射性核素对参考生物的辐射剂量应低于国际共识的限值	满分10分：参考生物剂量小于10μGy/h，得10分；<1.0mGy/d，但不小于10μGy/h，得6分；≥1.0mGy/d，得0分
20	可持续性	环境影响	化学及其他常规污染物	热排放的环境影响； 冷却塔湿沉积影响； 非放射性废水的浓度； 固体废物的处理处置； 危险废物的处理处置； 噪声的影响； 电磁辐射的影响	全部阶段	40	常规污染物排放对环境的影响	满足相关的法规标准的要求
21	可持续性	环境影响	降低环境影响的措施	无	全部阶段	10	对降低环境影响的措施采取了最优化设计的考虑	满分10分：采取最优化设计考虑得10分，未考虑得0分

续表

序号	评估领域	评估子领域	评估指标	子指标(评价参数)	指标适用阶段	指标权重(在本领域内)/%	指标说明	指标打分规则
22	防核扩散与实物保护		材料吸引力	材料类型； 同位素成分； 放射性强度； 释热功率； 材料质量； 物理化学形态	设计阶段	40	固有特性。各子指标权重分别为 25%、25%、10%、10%、15%、15%	该指标主要为定性打分： W(弱)：3～0，M(中等)：7～4，S(强)：10～8；或者 W(弱)：5～0，S(强)：10～6。 材料类型：中高富集度为 W，低富集度为 M，天然铀及以下为 S； 同位素成分：^{239}Pu 成分超过 50%为 W，低于 50%为 S； 放射性强度：1m 处的剂量率(mGy/hr)，<350 为 W，350～1000 为 M，>1000 为 S； 释热功率：^{238}Pu/Pu(质量分数，%) <20%为 W，>20%为 S； 材料质量：单个元件质量(kg)，<100 为 W，100～500 为 M，>500 为 S； 物理化学形态：金属为 W，氧化物或溶液为 M，化合物为 S
23	防核扩散与实物保护		核技术吸引力	乏燃料是否能提取易裂变材料； 可增殖材料的辐照能力	设计阶段	40	固有特性。子指标权重分别为 60%、40%	该指标主要为定性打分： W(弱)：5～0；S(强)：10～6。 乏燃料是否能提取易裂变材料：是为 W，否为 S； 可增殖材料的辐照能力：是为 W，否为 S

续表

序号	评估领域	评估子领域	评估指标	子指标（评价参数）	指标适用阶段	指标权重（在本领域内）/%	指标说明	指标打分规则
24	防核扩散与实物保护		转移探测的能力	核材料衡算； 监测系统的可靠性； 核材料探测能力； 修改工艺的难度； 修改核设施设计的难度； 对技术或设施错用的探测能力	设计阶段	20	各子指标权重分别为 20%、10%、10%、20%、20%、20%	该指标主要为定性打分： W（弱）：3～0；M（中等）：7～4；S（强）：10～8
25	防核扩散与实物保护		堆型组件的布置与设计	堆型组件的设计	研发设计阶段	15	在堆型组件的设计时应考虑核材料被获取的难易程度。指标由难到易分为以下四级： H：很难盗取； M：较难盗取； L：较易盗取； Nil：可直接盗取	满分 10 分： 10≥H≥8； 8>M≥5； 5>L>0； Nil=0
				堆型组件的布置	研发设计阶段	15	在堆型组件的布置时应考虑核设施被破坏的难易程度。指标由难到易分为以下四级： H：很难破坏或基本不造成放射性后果； M：较难破坏或造成的放射性后果较小； L：较易破坏或造成的放射性后果较大； Nil：直接被破坏或造成严重的放射性后果	满分 10 分： 10≥H>8； 8≥M>5； 5≥L>0； Nil=0
26	防核扩散与实物保护		敌手成功概率（PAS）	无	各个阶段	30	敌手成功完成路径所述行动的概率，指标数值由高到低分为以下四级： H：1>PAS≥0.8； M：0.8>PAS≥0.5； L：0.5>PAS≥0.1； Nil：0.1>PAS=0	满分 10 分： H=0； 5>M>0； 8>L≥5； 10≥Nil≥8

续表

序号	评估领域	评估子领域	评估指标	子指标(评价参数)	指标适用阶段	指标权重(在本领域内)/%	指标说明	指标打分规则
27	防核扩散与实物保护		后果(C)	盗窃核材料所造成的后果	各个阶段	20	以盗窃特种核材料为目的的行动成功完成后所造成的后果严重程度，指标严重程度由强到弱分为以下四级： H：盗窃未辐照或辐照过能够直接使用的材料； M：盗窃未辐照的不能直接使用的材料； L：盗窃辐照过的不能直接使用的材料； Nil：盗窃未能成功	满分10分： $1>H\geq 0$； $6>M\geq 1$； $10>L\geq 6$； Nil=10
				破坏核设施所造成的后果	各个阶段	20	以破坏核设施为目的的行动成功完成后所造成的后果严重程度。指标严重程度由强到弱分为以下四级： H：造成严重的放射性后果或造成重大的人员伤亡和经济损失； M：造成较大的放射性后果或造成较大的人员伤亡和经济损失； L：造成较小的放射性后果或造成较小的人员伤亡和经济损失； Nil：未造成放射性后果或未造成人员伤亡和经济损失	满分10分： H=0； $0<M\leq 4$； $4<L\leq 9$； $9<Nil\leq 10$
28	防核扩散与实物保护		实物保护资源(PPR)	无	落地实施阶段	20	达到某一实物保护水平所需的人员配备、能力及费用(包括基础设施和运营)所占运营成本的百分比。指标数值分为合理(R)和不合理(N)两级： $10\%\geq PPR\geq 1\%$； $100\%>PPR>10\%$或$1\%>PPR\geq 0\%$	满分10分： $10\geq R\geq 1$； $1>N\geq 0$

续表

序号	评估领域	评估子领域	评估指标	子指标(评价参数)	指标适用阶段	指标权重(在本领域内)/%	指标说明	指标打分规则
29	防核扩散与实物保护		核安保文化	无	落地实施阶段	10	核安保文化包括实物保护制度、核安保计划、人员可靠性计划、信息保密制度、核安保培训教育计划等。指标完备和执行程度由优到劣分为以下四级： H：已制定完备的核安保文化措施，并得到良好地发展、维护和有效地贯彻执行； M：已制定较为完备的核安保文化措施，并得到较好地持续发展、维护和较为有效地贯彻执行； L：已制定基本的核安保文化措施，并进行一定程度上的发展、维护和贯彻执行； Nil：未制定核安保文化措施，或未进行发展、维护和贯彻执行	满分 10 分： 10≥H>9； 9≥M>4； 4≥L>0； Nil=0

注：表中指标打分规则仅供参考。

1.4 小　结

为了确保核能的可持续发展，多个国内外组织机构都在研发先进堆型综合评估方法，以辅助先进堆型的研发工作。各个评估方法的体系框架基本相同，大都先分成不同的评估领域，在领域内设定指标及其准则，再利用打分规则和权重因子以整合不同评估指标或评估领域的结果，从而实现不同评估对象的对比。

从核能可持续发展的总目标出发，需要考虑的领域基本上由安全、经济、防核扩散、实物保护、环境影响、资源消耗等组成，相应的评估指标也大体相似，可能领域的组合或划分，以及具体指标略有差别，但重点考虑或关注的因素是一致的。

参考文献

[1] U.S. DOE Nuclear Energy Research Advisory Committee. A technology roadmap for generation IV nuclear energy systems. The Generation IV International Forum, Washington, D.C., 2002.

[2] International Atomic Energy Agency. Guidance for the application of an assessment methodology innovative nuclear energy systems. INPRO Manual-Overview of the Methodology, Volume 1 of the Final Report of Phase 1 of the International Project on Innovative Nuclear Reactors and Fuel Cycles（INPRO）. IAEA-TECDOC-1575/Rev.1, IAEA, Vienna, 2008.

[3] Sowder A, Marciulescu C. Program on technology innovation: Scoping study for an owner-operator requirements document（ORD）for advanced reactors. EPRI, Palo Alto, CA, 2016.

[4] International Atomic Energy Agency. Assessment of nuclear energy systems based on a closed nuclear fuel cycle with fast reactors. The International Project on Innovative Nuclear Reactors and Fuel Cycles（INPRO）. IAEA-TECDOC- 1639/Rev.1, IAEA, Vienna, 2012.

[5] International Atomic Energy Agency. INPRO assessment of the planned nuclear energy system of Belarus. The International Project on Innovative Nuclear Reactors and Fuel Cycles（INPRO）, IAEA-TECDOC-1716, IAEA, Vienna, 2013.

[6] International Atomic Energy Agency. Application of multi-criteria decision analysis methods to comparative evaluation of nuclear energy system options. Final Report of the INPRO Collaborative Project KIND. IAEA Nuclear Energy Series No. NG-T-3.20, IAEA, Vienna, 2019.

[7] RSWG. An integrated safety assessment methodology（ISAM）for generation IV nuclear systems. GIF/RSWG/2010/002/ Rev.1, 2011.

[8] European Commission Joint Research Centre Report Present GIF Risk and Safety Working Group. Guidance document for integrated safety assessment methodology（ISAM）-（GDI）. GIF/RSWG/2014/001/Rev.1, 2014.

[9] The Economic Modeling Working Group of the Generation IV International Forum. Cost estimating guidelines for generation IV nuclear energy systems. GIF/EMWG/2007/004/Rev.4, 2007.

[10] The Proliferation Resistance and Physical Protection Evaluation Methodology Working Group of the Generation IV International Forum. Evaluation methodology for proliferation resistance and physical protection of generation IV nuclear energy systems. GIF/PRRRWG/2011/003/Rev.6, 2011.

[11] Advanced Reactor Concepts Technical Review Panel. Evaluation and identification of future R&D on eight advanced reactor concepts, 2012.

[12] Advanced Reactor Concepts Technical Review Panel. Evaluation and recommendations for future R&D on seven advanced reactor concepts, 2014.

[13] INL. Nuclear fuel cycle evaluation and screening. INL/EXT-14-31465, 2014.

第 2 章 安全评估

先进堆型的安全性涉及反应堆安全、辐射安全、废物管理安全三个方面，因此将这些内容统称为“安全”。本章介绍国际上几种评估方法在安全领域的具体方法和案例，包括 INPRO 评估方法、GIF 评估方法和 DOE 评估实践，给出这几种评估方法在安全领域的特点，并进行对比。然后，详细介绍中国先进堆型综合评估方法中安全领域的具体方法，给出体系架构、指标、数据收集模板和评估示例。

2.1 国际评估方法——安全领域

2.1.1 INPRO 评估方法——安全领域

1. 评估体系与目标

反应堆安全(含辐射安全)[1]评估体系包括 1 个基本原则(BP)、7 个用户要求(UR)、28 个评估准则(CR)，详见表 2.1。废物管理安全评估体系包括 1 个基本原则(BP)、3 个用户要求(UR)、9 个评估准则(CR)，详见表 2.2。

表 2.1 INPRO 反应堆安全(含辐射安全)评估指标

<table>
<tr><th colspan="3">用户要求(UR)</th><th colspan="2">评估准则(CR)</th><th colspan="2">指标(IN)和接受限值(AL)</th></tr>
<tr><td rowspan="10">UR1</td><td rowspan="10">正常运行期间的设计稳健性</td><td rowspan="10">评估的核设施比参考设施在操作和性能方面、系统结构部件故障方面更稳健</td><td rowspan="2">CR1.1</td><td rowspan="2">正常运行系统的设计</td><td>IN1.1</td><td>设计的稳健性</td></tr>
<tr><td>AL1.1</td><td>比参考设计更稳健</td></tr>
<tr><td rowspan="2">CR1.2</td><td rowspan="2">核设施性能</td><td>IN1.2</td><td>核设施性能</td></tr>
<tr><td>AL1.2</td><td>优于参考设计</td></tr>
<tr><td rowspan="2">CR1.3</td><td rowspan="2">检查、试验和维护</td><td>IN1.3</td><td>检查、试验和维护的能力</td></tr>
<tr><td>AL1.3</td><td>优于参考设计</td></tr>
<tr><td rowspan="2">CR1.4</td><td rowspan="2">故障和偏离正常运行</td><td>IN1.4</td><td>预期故障和偏离正常运行的发生频率</td></tr>
<tr><td>AL1.4</td><td>低于参考设计</td></tr>
<tr><td rowspan="2">CR1.5</td><td rowspan="2">职业照射剂量</td><td>IN1.5</td><td>正常操作和预计运行事件时的职业照射剂量</td></tr>
<tr><td>AL1.5</td><td>低于剂量约束值</td></tr>
</table>

续表

用户要求(UR)			评估准则(CR)		指标(IN)和接受限值(AL)	
UR2	探测和拦截预计运行事件	评估的核设施具有更好的探测和拦截能力,以防止预计运行事件升级为事故工况	CR2.1	仪控和固有特征	IN2.1	仪表控制系统和/或内在特性探测、中止和/或补偿这类偏离的能力
					AL2.1	优于参考设计
			CR2.2	预计运行事件后不干预时间	IN2.2	预计运行事件后人员不干预时间
					AL2.2	比参考设计更长
			CR2.3	惰性	IN2.3	应对瞬态的惰性
					AL2.3	比参考设计更大
UR3	设计基准事故	应降低事故发生的频率,使之与总安全目标相一致。一旦发生事故,专设安全设施应该能够将创新型核能系统(innovative nuclear energy system, INS)恢复到受控状态,并在随后达到安全停堆,还要确保放射性物质的包容。应当将对人员干预的依赖降到最低,并且只有在一定的宽限期以后才需要人员动作	CR3.1	设计基准事故(DBA)频率	IN3.1	计算的DBA发生频率
					AL3.1	可能导致电厂损坏的DBA事故频率低于参考设计
			CR3.2	DBA的不干预时间	IN3.2	DBA事故后人员不干预时间
					AL3.2	至少8h,且不干预时间比参考设计更长
			CR3.3	专设安全特征	IN3.3	专设安全设施的可靠性和特性
					AL3.3	优于参考设计
			CR3.4	屏障	IN3.4	DBA和设计扩展工况(DEC)后保持完整的屏障数量
					AL3.4	至少有一个,且与此反应堆类型的监管要求一致
			CR3.5	次临界	IN3.5	事故条件下停堆后的次临界裕量
					AL3.5	足以覆盖各种不确定性,并维持停堆状态
UR4	严重事故状态	放射性物质释放到安全壳/包容设施的频率降低。一旦发生上述释放,其后果能被缓解,防止放射性物质释放到环境或降低事故后放射性物质释放到环境的频率。释放到环境的源项低于参考的反应堆源项,并且足够低,从而事故后果不需要公众撤离	CR4.1	大量释放到安全壳/包容设施	IN4.1	计算的大量放射性物质释放到安全壳/包容设施中的频率
					AL4.1	比参考设计更低
			CR4.2	安全壳/包容设施的稳健性	IN4.2	设计所考虑的安全壳载荷;以及用于控制相关系统参数以及安全壳/包容设施内活度水平的设备
					AL4.2	优于参考设计
			CR4.3	事故管理	IN4.3	厂内事故管理
					AL4.3	系统、设备和培训足以防止向安全壳/包容设施外大量释放放射性物质,并恢复设施控制
			CR4.4	大量释放到环境的频率	IN4.4	大量放射性物质向环境释放的计算频率
					AL4.4	低于参考设计,实际消除大规模释放和早期释放

续表

用户要求(UR)			评估准则(CR)		指标(IN)和接受限值(AL)	
UR4	严重事故状态	放射性物质释放到安全壳/包容设施的频率降低。一旦发生上述释放，其后果能被缓解，防止放射性物质释放到环境或降低事故后放射性物质释放到环境的频率。释放到环境的源项低于参考的反应堆源项，并且足够低，从而事故后果不需要公众撤离	CR4.5	释放到环境的源项	IN4.5	事故释放计算的后果和特性（释放高度、压力、温度、液体/气体/气溶胶等）
					AL4.5	低于参考设计的计算结果，且后果足够小，不需要公众撤离
UR5	纵深防御各层次的独立性、固有安全性和非能动安全系统	与参考设计相比，纵深防御各层次之间的独立性更好。在安全性和可靠性方面，通过纳入固有安全特性和/或非能动系统，以消除参考设计的危险，或将危险最小化	CR5.1	DID 各层次间的独立性	IN5.1	DID 不同层次间的独立性
					AL5.1	与参考设计相比，层次间的独立性更强。例如通过确定论和概率论进行灾害分析
			CR5.2	危险最小化	IN5.2	危险特征
					AL5.2	危险小于参考设计
			CR5.3	非能动安全系统	IN5.3	非能动安全系统的可靠性
					AL5.3	优于参考设计（参考设计中可能是能动系统）
UR6	与安全相关的人为因素(HF)	待评估电厂的安全运行需要设计和运行中的人为因素的支持，并由所有相关机构的安全文化实现和保持	CR6.1	人为因素(HF)	IN6.1	在电厂寿期内系统地处理 HF
					AL6.1	HF 评估结果优于参考设计
			CR6.2	安全态度	IN6.2	普遍的安全文化
					AL6.2	定期安全文化审查
UR7	先进设计必要的研究、开发与示范(RD&D)	应开展相关的研究、RD&D 工作，以便把对电厂特性的认识以及用于设计与安全评估的分析方法的能力至少提高到与现有电厂相同的置信水平上	CR7.1	安全基础和安全问题	IN7.1	安全基础和解决安全问题的明确流程
					AL7.1	明确了先进设计的安全基础，解决安全问题
			CR7.2	RD&D	IN7.2	研究、开发与示范状态
					AL7.2	开展必要的 RD&D，开发数据库
			CR7.3	计算机软件	IN7.3	计算机软件状态
					AL7.3	计算机软件或分析方法开发和验证

续表

<table>
<tr><th colspan="3">用户要求(UR)</th><th colspan="2">评估准则(CR)</th><th colspan="2">指标(IN)和接受限值(AL)</th></tr>
<tr><td rowspan="4">UR7</td><td rowspan="4">先进设计必要的研究、开发与示范(RD&D)</td><td rowspan="4">应开展相关的研究、RD&D 工作,以便把对电厂特性的认识以及用于设计与安全评估的分析方法的能力至少提高到与现有电厂相同的置信水平上</td><td rowspan="2">CR7.4</td><td rowspan="2">新颖性</td><td>IN7.4</td><td>试点或示范电厂</td></tr>
<tr><td>AL7.4</td><td>高新颖性：试点或示范电厂说明、建造、运行,经验教训吸取和记录,成果可以外推到全尺寸电厂
低新颖性：提供需要示范电厂的理由</td></tr>
<tr><td rowspan="2">CR7.5</td><td rowspan="2">安全评估</td><td>IN7.5</td><td>充分的安全评估,包括确定论和概率方法的适当组合,以及不确定性和敏感性分析</td></tr>
<tr><td>AL7.5</td><td>确定并适当处理不确定性和敏感性，安全评估获相应的监管机构批准</td></tr>
</table>

表 2.2 INPRO 废物管理安全评估指标

用户要求(UR)	评估准则(CR)
UR1：废物分类和最小化	CR1.1：废物分类
	CR1.2：废物最小化
UR2：处置前的废物管理	CR2.1：过程描述
	CR2.2：废物形成时间
	CR2.3：处置前废物管理安全
UR3：最终状态	CR3.1：实现最终处置的技术可行性
	CR3.2：符合政策要求的处置安全
	CR3.3：达到最终处置状态的时间要合理可行且尽量短
	CR3.4：处置厂资源配置可行性

INPRO 方法为设计开发人员设定了目标：新的核设施要比参考的核设施更安全，从而能够有效地防止或减轻放射性核素的场外释放。鼓励开发人员从以下几个方面努力：

(1)增强纵深防御(defense in depth，DiD)，保证纵深防御层次的独立性比参考核设施更强。

(2)纳入固有安全特性和非能动系统，作为安全和可靠性的基本方法。

(3)在设计和运行中考虑人为因素。

(4)开展充分的研究开发和示范工作(research，development，and demonstration，RD&D)，使得对新设施的认识和所采用的分析方法至少达到与参考设施相当的置信水平。

2. INPRO 安全领域与可持续发展、公众的关系

可持续发展要求既满足当代人的需求，又不损害后代人满足自身需求的能力。

INPRO 在安全领域的可持续性评估，假定被评估的和参考的核设施都符合国家或国际的安全标准，因此评估工作不是 IAEA 安全标准的应用，也不能取代反应堆许可程序中的安全审评。

各国政府对于核能发展的政策有三种[2]，分别是：持续无核化，发展其他能源；在有限时期内，核能电力供应是必需的，后续替换为更安全的能源；采用和发展核能，坚信相关的问题和风险能够且必须以国家和国际可接受的安全水平来解决。可以看到，对于发展核电的政策来说，需要通过国家和国际共识的方法来解决问题和风险，以增强安全性。

公众的风险认知心理，对于核能系统至关重要。公众关注发生反应堆事故后，个人和集体的风险以及潜在后果的严重程度(辐射、经济和其他心理后果)。考虑到迄今为止所有反应堆事故的经验，为消除公众关于核安全的担忧，提高公众对核能的接受程度，需要关注以下几个方面：

(1)为减少能动系统故障和人为失误，在可行的情况下，纳入固有安全性和非能动系统。

(2)与参考设施相比，可能导致偏离正常安全操作的设施故障和失效更少，避免经常性的故障和失效。

(3)与参考设施相比，设计基准事故的可能性更小，其放射性释放量非常小，公众受到的剂量远小于监管限值。

(4)对于大规模放射性释放事故，尽管是极不可能发生的，但也要制订完整的应急预案，做好充分的应急准备，具有应急响应能力。

(5)在严重事故情况下避免大量放射性释放，避免大量人群的避迁。

(6)必须避免不可接受的职业照射剂量和危害。

(7)与参考设施相比，需要证明在整个设施的生命周期内，给公众带来的风险更小。

(8)持续通过研究和开发提高设计的安全性，并在新的设施中实际应用，增强公众对核能安全的信心。

(9)为提高利益相关者和公众的接受度，需要持续地与他们沟通并进行宣传，保证信息的准确性和透明性。

INPRO 安全领域的用户要求(UR)和评估准则(CR)侧重于上述这些方面。安全领域的可持续发展与公众的风险认识密切相关，不断减轻公众对核反应堆的安全担忧是核能系统发展和可持续发展的核心。

3. 反应堆安全评估指标

INPRO 安全领域的基本原则是：核设施的安全性优于参考设施，从而大大降低事故频率和后果；在事故工况下，不存在场外放射性核素释放或其释放量是有限的，不需要公众撤离。

4. 辐射安全评估指标

最新的INPRO方法学中，辐射安全评估准则是用户要求UR1中的评估准则CR1.5[1]，即职业照射剂量，相应的评估指标是IN1.5，即在正常运行工况和预计运行事件下工作人员受到的职业照射剂量值(关注核电厂工作人员的辐射防护)，其接受限值是低于剂量约束值。注意评估准则 CR1.5 不考虑在事故情况下工作人员所受的辐射照射，只考虑正常运行工况和预计运行事件下的职业照射。在正常运行工况和预计运行事件下避免公众和环境受到过度的辐射照射是 INPRO 方法学中另一个领域——环境影响所关心的评估指标；事故后的辐射照射问题包含在安全领域的用户要求 UR4 中，该用户要求规定要防止或降低厂房外事故后放射性物质释放。

IAEA 安全标准[3,4]中关于在核电厂设计中的辐射防护考虑建议使用剂量约束值“使防护与安全最优化，使得在考虑了经济和社会因素之后，个人受照剂量的大小、受照射的人数以及受照射的可能性均保持在可合理达到的尽量低水平”。

剂量约束值的作用见 IAEA《职业辐射防护安全导则》(GSG-7)[5]：“3.31 为使防护与安全最优化，应在核电厂设计阶段对职业照射剂量进行评估，确定剂量约束值并作为确定辐射防护最优化方案范围的边界条件，即对各种可选方案预测的职业照射剂量与剂量约束值进行比较。对于预测给出的职业照射剂量值低于剂量约束值的方案可进一步考虑；对于预测给出的职业照射剂量高于剂量约束值的方案应拒绝采纳。”

现代核电厂在正常运行工况和预计运行事件下造成的职业照射剂量已经很低，并且随着设计的改进而不断下降。这是通过降低源项(例如通过去污、材料选择、腐蚀控制、水化学、过滤和净化等防止外来物质进入一回路系统)、减少工作人员与源接触的时间、增加工作人员和源之间的距离(如利用远程操作)、在工作人员与源之间增加屏蔽等措施实现的。职业照射剂量也与系统设备的可靠性及其布置特征密切相关，通过采用可靠性高的设备、降低检修区域源项以及利用设备维修友好的设计(例如检修可达性、检修空间大小、运输便利性等)可以进一步降低工作人员的职业照射剂量。这些特征预计在先进反应堆的设计中可以实现。因此，随着进一步改进，先进核反应堆的职业照射剂量预计会进一步降低。

先进反应堆应通过利用自动化、远程操作和现有设计良好的运行经验，确保防护与安全的最优化贯穿于核电厂寿期内从设计、建造、运行直至退役的所有阶段。根据国内外运行核电厂的经验，大多数的职业照射来源于检查和维修活动。先进反应堆通过优化的布置、可靠的设备、自动化以及远程维修等设计，预计对工作人员将是友好的。

如果 INPRO 评估人员获得的证据表明，正常操作和预计运行事件下的职业照射剂量已经进行优化，并且(将)低于审管部门制定或认可的剂量约束值，则符合职业照射剂量评估指标的接受限值 AL1.5。

5. 废物管理安全评估指标

INPRO 放射性废物管理的基本原则(BP)是“核能系统的放射性废物管理应以不给

后代留下不适当的负担为目的”，其用户要求(UR)及评估指标(CR)见表 2.2。

用户要求主要包含三个方面：废物分类和最小化、处置前的废物管理、最终状态。

放射性废物分类是以处置安全为基础，根据废物放射性、半衰期和最终处置方式，对放射性废物进行的分类。

处置前的废物管理是指从废物产生直到形成最终废物包的全过程管理，主要包括废物预处理(收集、隔离和去污等)、废物处理(废物减容、放射性去除、组分调整等)、整备(固定、固化和封装等)、暂存和运输。这些过程应合理可行且尽可能早开展，不应对最终废物包的产生造成不利影响，应符合废物最小化原则。

各类废物的最终状态应安全稳定、合理可达，且应考虑各类处置废物包含最终处置在内的全程废物管理成本。所谓的最终状态包括最终的废物形态和废物包、废物包在内的最终处置、废物处置安全以及处置计划。

6. *安全领域评估案例*

基于钠冷快堆 BN-1200 开展了经济和(反应堆)安全两个领域的可持续性评估，识别了需要改进的方面，帮助设计者确定新的研究和技术改进方向。

俄罗斯联邦的 BN 系列钠冷快堆包含：原型堆 BN-350，于哈萨克斯坦建造和运行(1973～1999 年)；BN-600，俄罗斯联邦别洛亚尔斯克(Beloyarsk)核电厂 3 号机组(1980 年投运)；BN-800，俄罗斯联邦别洛亚尔斯克核电厂 4 号机组(2016 年投运)；BN-1200，计划 2027 年在俄罗斯联邦别洛亚尔斯克 5 号机组实施。

开展安全领域的可持续性评估，主要内容是评估 BN-1200 在设计上与同类型电厂的差异，主要评估了以下几个方面。

(1) BN-1200 是池式反应堆，一回路与 BN-800、BN-600 相同，采用一体化布局，其中一回路和放射性的冷却剂都在主反应堆容器内。与 BN-800 相比，BN-1200 的系统、结构、部件布置更紧凑。与 BN-800 不同，BN-1200 一回路钠的位置维持在容器上封头以下。容器上部包含四个主冷却剂泵、四个中间热交换器、应急排热系统(emergency heat removal system)热交换器和一个冷过滤阀。反应堆容器外没有一回路的钠，消除了一回路钠在外部系统的泄漏风险。图 2.1 给出了压力容器内主要的系统和设备，图 2.2 给出了建筑作业图。

(2) 与 BN-800 一样，BN-1200 采用三回路热电转换，一回路、二回路为钠回路，三回路为水回路。BN-1200 中，每个回路都包含四个环路。二回路每个环路在物理上与其他环路分离，并位于一个单独的隔间中。每个二回路的环路包含一个位于容器内的中间热交换器、一个二次冷却剂泵、管道、蒸汽发生器。大多数二次管道都采用了保护套管。

(3) 热效率提高到了 43.6%[6]。BN-1200 与 BN-800 相比，提高了蒸汽以及给水的温度和压力。

除了上述改进外，还包括：使用氮化铀-钚燃料，降低满功率条件下的后备反应性(不超过 0.5% $\Delta k/k$，$\Delta k/k$ 表示有效增殖因子变化/有效增殖因子)，缓解反应性引入事故的

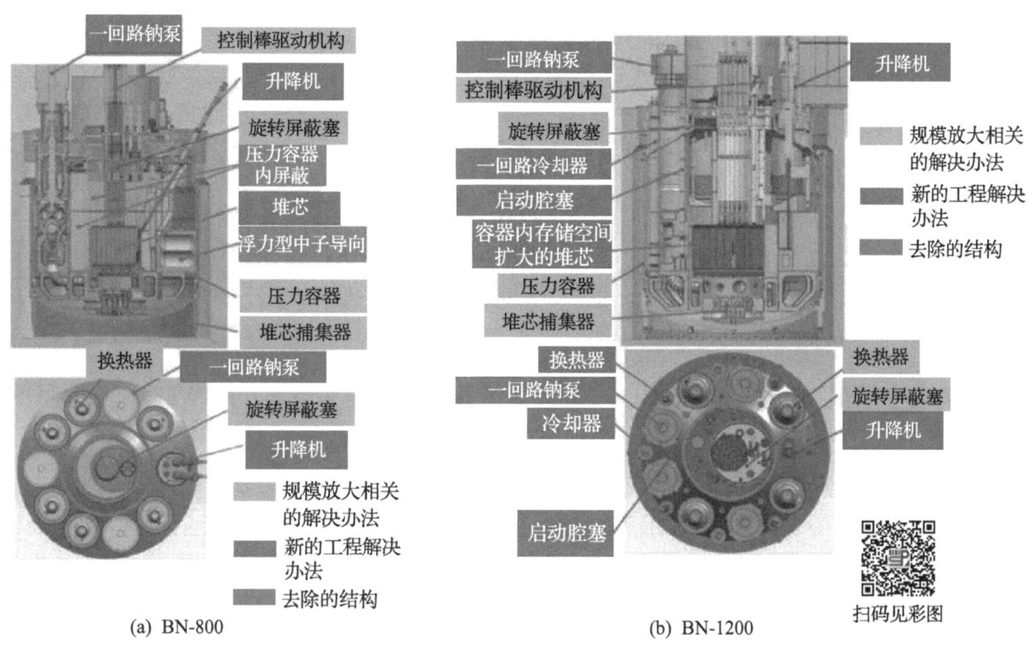

(a) BN-800　　(b) BN-1200

图 2.1　BN-800 和 BN-1200 的反应堆容器图（TECDOC-1959）

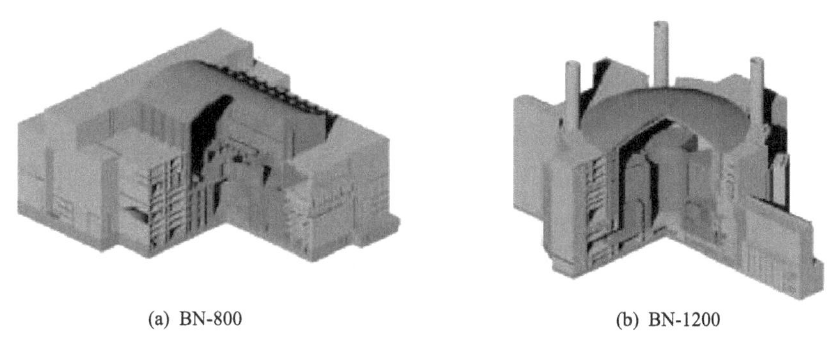

(a) BN-800　　(b) BN-1200

图 2.2　BN-800 和 BN-1200 的建筑示意图

潜在后果；通过多项独立措施防止反应堆中同时抽出一根以上控制棒；除了非能动液压悬浮式控制棒系统和能动停堆系统外，还引入非能动高温驱动控制棒系统；反应堆堆芯的最大功率密度降低到 380MW/m^3；反应堆容器内乏燃料储存时间延长至两年，将乏燃料组件衰变热功率密度降低至 2W/cm^3，简化燃料装载过程，提高乏燃料管理的安全性；应急排热系统基于非能动的原理通过钠-钠热交换器和钠-空气热交换器将反应堆的热量转移到环境中，并设计成在紧急冷却的情况下，一次钠在反应堆堆芯燃料组件中的循环由自然循环驱动；限制放射性气体和气溶胶，随后在特殊通风系统中进行过滤，以降低释放气体的放射性。BN-1200 的堆芯损坏频率计算值与 BN-800、BN-600 相比大幅度降低，BN-1200 约为 5×10^{-7}/(堆·年)，BN-800 约为 2×10^{-6}/(堆·年)，BN-600 约为 1×10^{-5}/(堆·年)[6]。

在俄罗斯联邦正在开发的几种不同冷却剂快堆设计中，钠冷快堆处于最成熟的阶段，最接近商业部署。钠冷快堆已成功通过实验程序和原型试验，闭式燃料循环技术已成功开发和试验，包括 MOX 燃料制造和乏燃料后处理。预计在未来十年内，钠冷却快堆和闭式燃料循环技术将得到改进和验证。

这项有限范围的 INPRO 可持续性评估结果表明，俄罗斯联邦的快堆方案总体上沿着可持续发展路线推进的。开发者将采取行动，满足评估准则，从而提升系统的可持续发展性能。

2.1.2 GIF 评估方法——安全领域

1. 目标准则

GIF 成立了风险和安全工作组(Risk & Safety Working Group，RSWG)，主要目的如下：

(1)提出一套针对第四代核能系统安全、风险和管理目标的方法。

(2)协助 GIF 专家组和政策组，尤其是在确定第四代核能系统的安全目标和评价方法方面促进与核安全相关部门、IAEA、利益相关者等的合作。

工作组的工作范围包括：

(1)基于第四代核能系统的目标提出安全原则、目标和属性特征，指导安全相关的研究与开发计划。

(2)开发并优化一体化安全评估方法(integrated saftety assessment methodology, ISAM)。

(3)综合考虑安全、防核扩散和实物保护的目标。

(4)为系统指导委员会(Systems Steering Committees，SSCs)和其他 GIF 机构、IAEA、其他利益相关者提供咨询服务。

第四代核能系统的安全目标有三个，分别为：

(1)第四代核能系统具有极优的安全性和可靠性。

(2)第四代核能系统的堆芯损坏概率和损坏程度降至最低。

(3)第四代核能系统不要求场外应急响应。

设定上述第四代核能系统的安全目标可以促进核能系统的改进，并促进和指导第四代核能系统的研究与开发。上述安全目标分别与纵深防御的各层对应，安全目标第一条与纵深防御第一层和第二层对应，安全目标第二条与纵深防御第三层对应，安全目标第三条与纵深防御第四层和第五层对应。为实现这些目标，RSWG 集中精力开发方法学。

GIF 的专家组和政策组提出了 GIF 技术路线图，在路线图中提出了安全和可靠性(SR)方面三个目标对应的准则和指标，见表 2.3。

表 2.3 GIF 技术路线图的安全目标、准则及指标

目标		准则		具体指标
SR1	操作安全和可靠性	SR1-1	可靠性	强迫停堆率
		SR1-2	工作人员/公众常规照射	常规照射
		SR1-3	工作人员/公众事故照射	事故照射

续表

<table>
<tr><th colspan="2">目标</th><th colspan="2">准则</th><th>具体指标</th></tr>
<tr><td rowspan="5">SR2</td><td rowspan="5">堆芯损坏</td><td rowspan="2">SR2-1</td><td rowspan="2">强健的安全特性</td><td>可靠的反应性控制</td></tr>
<tr><td>可靠的余热导出</td></tr>
<tr><td rowspan="3">SR2-2</td><td rowspan="3">特性良好的模型</td><td>主要现象的不确定性低</td></tr>
<tr><td>燃料热响应时间长</td></tr>
<tr><td>试验模化</td></tr>
<tr><td rowspan="4">SR3</td><td rowspan="4">场外应急响应</td><td rowspan="2">SR3-1</td><td rowspan="2">特性良好的源项/能量</td><td>源项</td></tr>
<tr><td>能量释放机制</td></tr>
<tr><td rowspan="2">SR3-2</td><td rowspan="2">强健的缓解特性</td><td>系统时间常数长</td></tr>
<tr><td>阻挡有效且时间长</td></tr>
</table>

2. 一体化安全评估方法

RSWG工作组开发了一体化安全评估方法(ISAM方法)，开发该方法有多个目的：①对风险和安全问题进行详细的整理；②基于对风险和安全的认知来指导设计过程，识别需要进一步研究和收集数据的领域；③基于风险和安全问题给出不同概念和(或)设计之间的区别；④给出一系列安全度量表或图，使得能够依据这些表或图对一个概念和(或)设计进行评价；⑤许可证审批支持。

评估方法具有以下特点：由被广泛接受的现有工具组成或大量基于此类工具，对新技术的开发需求最小；实际并灵活，对于复杂性和重要性不同的技术问题使用不同的方法，在不同设计阶段使用不同的分析工具；识别缺陷及其对风险的贡献；考虑不确定性；提供多学科的一体化输入；结合确定论方法和概率论方法；与RSWG的安全理念、PR&PP方法及其他相关的工作一致。

ISAM方法包括五个重要的工具，用于不同的设计阶段：定性安全特性评价(qualitative safety-features review，QSR)、现象识别排序表(phenomena identification and ranking table，PIRT)、目标条款树(objective provision tree，OPT)、确定论和现象分析(deterministic and phenomenological analyses，DPA)、概率安全分析(probabilistic safety analysis，PSA)。这五种工具的应用阶段如图2.3所示。

定性安全特性评价(QSR)：检查表基于纵深防御的原则，能够帮助设计者定性地评价设计中安全相关的优点和弱点，使得设计安全性更好。

现象识别排序表(PIRT)：最早可在概念设计之前应用，之后迭代使用，作为最早的窗口来识别、分类和描述可能与风险和安全相关的现象和问题。它高度依赖专家的引导，可根据需要聚焦于通用问题或特定的设计、现象。其结果作为OPT和PSA的输入(始发事件、事故序列、系统成功准则等)，帮助识别需要进一步研究的问题并进行排序。

目标条款树(OPT)：是编写事故规程的实用工具，规程可以用于事故预防、控制、

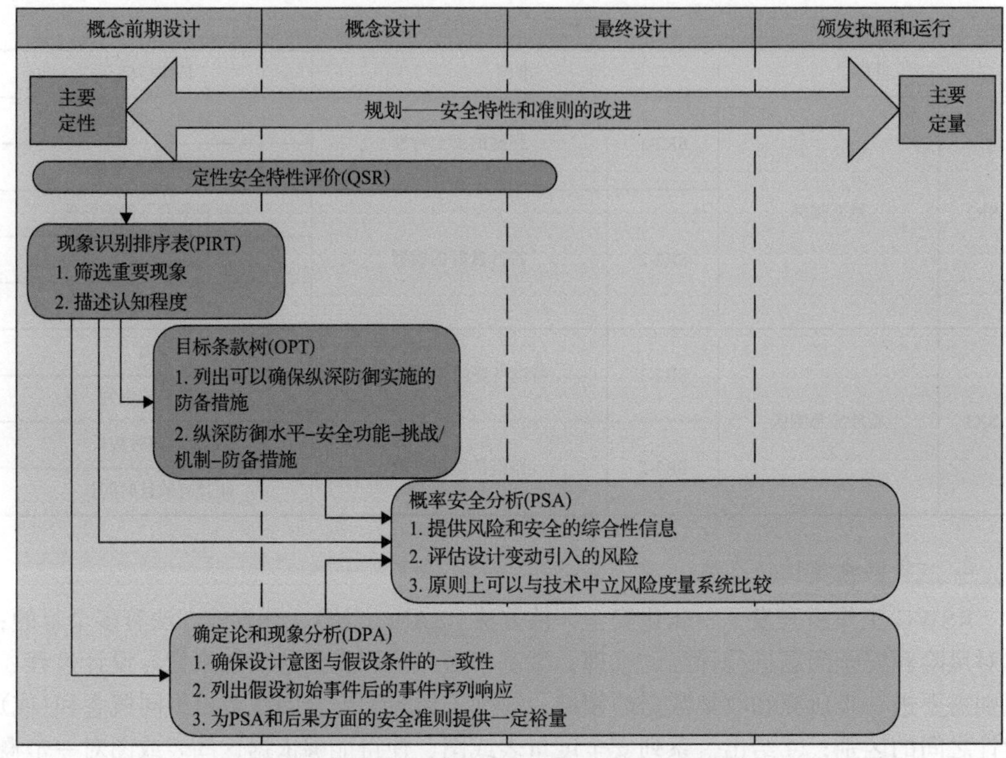

图 2.3 ISAM 方法五种工具的应用阶段示意图

缓解。迭代应用于概念设计前期到概念设计。关注于 PIRT 表中安全重要现象。

确定论和现象分析(DPA):作为传统的工具,可进行系统响应分析,也能支持 ISAM 其他元素的应用,如 PIRT、OPT 和 PSA。

概率安全分析(PSA):这是 ISAM 方法的核心,其他工具为 PSA 分析提供大量的支持。世界范围内,PSA 在许可证申请和监管方面变得越来越重要。通过将 PSA 用于设计过程的早期阶段,设计者也可以有一些发现。

3. 评估案例

使用 ISAM 方法中的 PIRT、OPT、DPA、PSA 对日本钠冷快堆(JSFR)进行评估[7-9]。JSFR 是环路型钠冷快堆,即一回路换热系统(PHTS)的两条由主泵和中间换热器(IHX)组成的回路安装在反应堆压力容器之外,如图 2.4 所示。JSFR 的主要设计参数列于表 2.4 中。

表 2.4 JSFR 的主要设计参数

参数	参数值	参数	参数值
功率	3570MW/1500MW (热功率/电功率)	一回路冷却剂质量流量	1.8×10^4kg/s
PHTS 环路数	2	二回路冷却剂温度	520℃/335℃(出口/入口)
一回路冷却剂温度	550℃/395℃(出口/入口)	主蒸汽温度及压力	497℃/19.2MPa

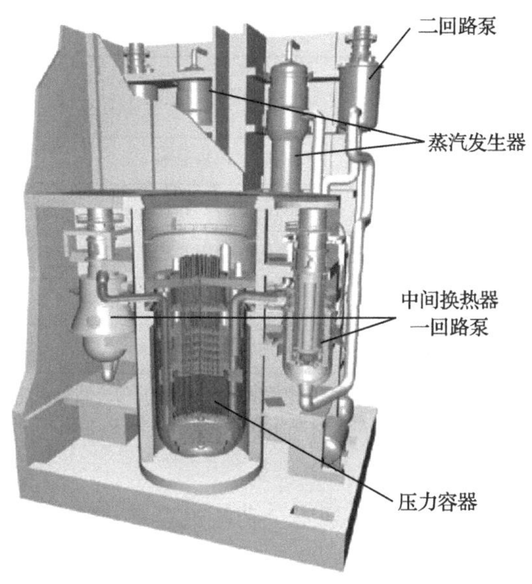

图 2.4 JSFR NSSS 简图

使用 PIRT 工具对失流事故下评估自动停堆系统(self-actuated shutdown system, SASS)各个关键现象进行了梳理，应用结果见表 2.5。从研发(R&D)过程中前后两个不同时间点 PIRT 应用结果的对比可见，SASS 研发期间进行的各种实验研究提高了各关键现象相关的知识水平。在对一个新问题进行研发之前实施 PIRT 有助于识别关键实验研究需求。

表 2.5 PIRT 初步应用结果(两个评估人 A 和 B)

系统	部件	现象/特征/状态变量	IR		KL_1		KL_2	
			A	B	A	B	A	B
BRSS	SASS	SASS 动作温度	H	H	1	2	3	4
反应堆	SASS 附近的上堆芯区域	从堆芯出口到 SASS 附近的冷却剂传输延迟时间	H	H	3	2	3	3
		从 SASS 附近的冷却剂到 SASS 装置的温度响应时间常数	M	M	1	2	3	3
	堆芯	流至 SASS 附近的冷却剂的堆芯出口温度	H	H	3	3	3	3
		多普勒反应性系数	M	M	4	4	4	4
		燃料温度反应性系数	L	M	4	3	4	3
		燃料包壳温度反应性系数	M	M	4	4	4	4
		冷却剂温度反应性系数	H	H	4	4	4	4
		冷却剂流量保持时间	H	H	4	4	4	4
		功率分布	M	M	4	4	4	4
		堆芯组件间的流量分布	M	M	4	4	4	4
		堆芯出入口冷却剂温度	L	L	4	4	4	4
		燃料棒间隙传热系数	M	M	4	3	4	3

续表

系统	部件	现象/特征/状态变量	IR		KL_1		KL_2	
			A	B	A	B	A	B
反应堆	堆芯	燃料芯块热导率	I	I	4	4	4	4
		燃料包壳和冷却剂的热物性	I	I	4	4	4	4
RPCS	温度仪控(I&C)	反应堆功率控制使用的冷却剂温度	M	L	4	4	4	4
PHTS	泵	泵的转动惯量	M	M	4	4	4	4
	—	反应堆和 PHTS 中的压降	M	M	4	4	4	4

注：BRSS 为备用反应堆停堆系统；RPCS 为反应堆功率控制系统；PHTS 为一回路换热系统；IR 为重要性排序(H 表示高，M 表示中，L 表示低，I 表示无关)；KL_1 为 SASS 研发开始前的知识水平(从 1 至 4，数字越大表示水平越高)；KL_2 为当前知识水平(从 1 至 4，数字越大表示水平越高)。

使用 OPT 工具对 JSFR 第 3 级别某安全功能进行梳理，结果见图 2.5。

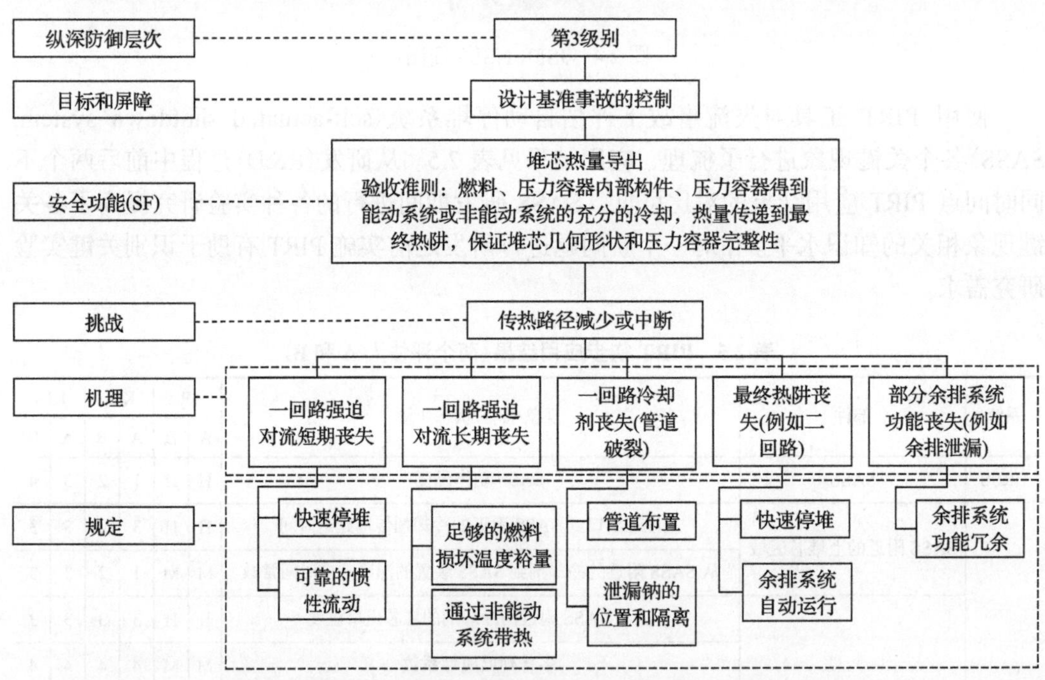

图 2.5　JSFR 第 3 级别某安全功能 OPT 示例

使用 DPA 和 PSA 工具对余热导出系统(decay heat removal system，DHRS)进行评价。DPA 与 PSA 以并行的方式进行。首先，基于电厂的设计信息对始发事件进行识别和分类，确定假设情景。然后，根据电厂的设计并结合 OPT 提供的关键信息，定义相应始发事件的缓解系统，进而开发事件树。采用电厂模型进行 DPA 分析，根据验收准则给出堆芯完整性结论。根据事故结果，进行 PSA 分析，最终确定堆芯损坏频率。

表 2.6 中列出了始发事件的分类。表中 PRACS 是指一回路辅助冷却系统(primary reactor auxiliary cooling system)，DRACS 指反应堆直接辅助冷却系统(direct reactor auxiliary cooling system)，余热导出系统由两列 PRACS 和一列 DRACS 组成，每一列都能导出 100%的堆芯余热，最终热阱为空气。

表 2.6 余热导出系统(DHRS)分析相关始发事件分类

编号(ID)	事件描述	示例	PRACS	DRACS	电源系统
IC01	DHRS 全功能可用情况下的反应堆停堆	正反应性引入	○	○	○
IC02	在一列 PHTS 或 SHTS 中失去强迫流量	主泵卡轴	○	○	○
IC03	一列 PHTS 保护管道/保护容器内的钠泄漏	PHTS 保护管道内钠泄漏	△	○	○
IC04	DRACS 失去循环能力	DRACS 管路密封处钠泄漏	○	×	○
IC05	失去场外电源	失去场外电源	○	○	△
IC06	失去主给水/蒸汽	主给水泵失效	○	○	○
IC07	一列 PRACS 失去循环能力	PRACS 管路密封处钠泄漏	×	○	○

注：○表示始发事件对该安全系统无影响；△表示始发事件导致该安全系统的冗余性丧失；×表示始发事件导致该安全系统功能完全丧失。

对表 2.6 中的 IC07 类事件进行事件树分析，例如，始发事件为第二列 PRACS 失效，事件树题头事件包括紧急停堆、第一列 PRACS 冷却、DRACS 冷却。对于事件树，需要使用 DPA 方法确定各类题头事件成功或失败后的结果。基于设计建立 DPA 分析的计算模型，并根据序列进行分析，给出一个序列的分析结果见图 2.6，该序列对应事故后紧急停堆成功，第一列 PRACS 冷却成功（自然循环），DRACS 冷却也成功（自然循环），计算结果表明该序列堆芯的最高温度低于 650℃，表明堆芯是完整的。按照该方法对事件树的所有序列进行分析，确定每个序列后能否保证堆芯完整。进行 PSA 分析，给出每个序列的频率，最终得到总的堆芯损坏频率为 5×10^{-7}/(堆·年)。

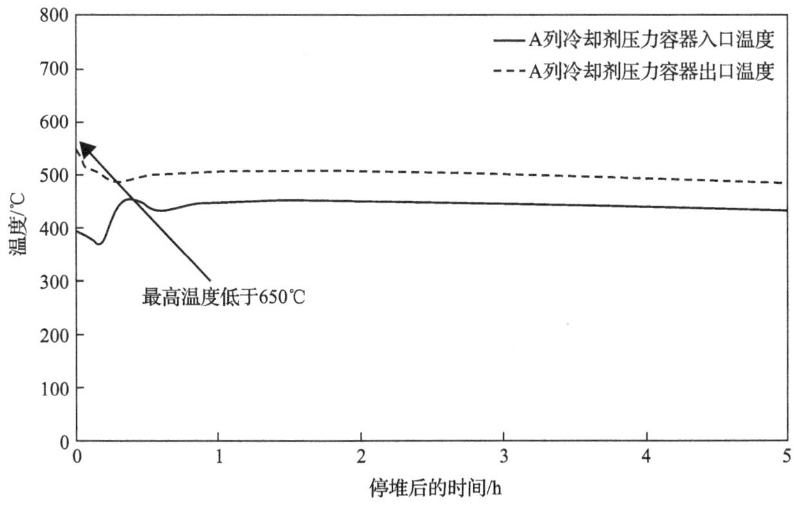

图 2.6 第二列 PRACS 失去循环能力后典型事故分析结果

进行 DPA 和 PSA 分析后发现了设计中的薄弱环节，余热导出系统的热阱都为空气，但只有非能动的空气流动。改进的设计增加了鼓风机。改进后的堆芯损坏频率为 9×10^{-9}/(堆·年)。可以看出堆芯损坏频率大幅度降低，安全性和可靠性得到提高。

2.1.3 DOE 评估实践——安全领域

1. *DOE 在安全和废物管理方面评估方法简介*

2011 年底，DOE NE 实施的核燃料循环方案评估和筛选的研究，旨在确定研发活动的优先顺序，确定潜在有希望的核燃料循环选项。

安全准则：广义的安全包括建立和运行一个能够充分保护工作人员和公众的核燃料循环设施。对于核燃料循环方案评估和筛选，假设所有的商用核设施都规范且满足安全要求，而安全准则重点关注满足安全要求时遇到的挑战。

通过了解核燃料循环每个环节的固有风险所带来的挑战来评估核燃料循环方案的安全性。这个过程要基于对固有风险的了解，并考虑识别经验，其中经验还包括识别那些不能通过研究、开发和示范解决的安全挑战，主要的因素和注意事项见图 2.7。图中给出了安全领域的两个指标：应对安全风险的挑战(即图中的“应对风险的挑战”)和部署系统的安全性(即图中的“燃料循环设施能安全部署否？”)。

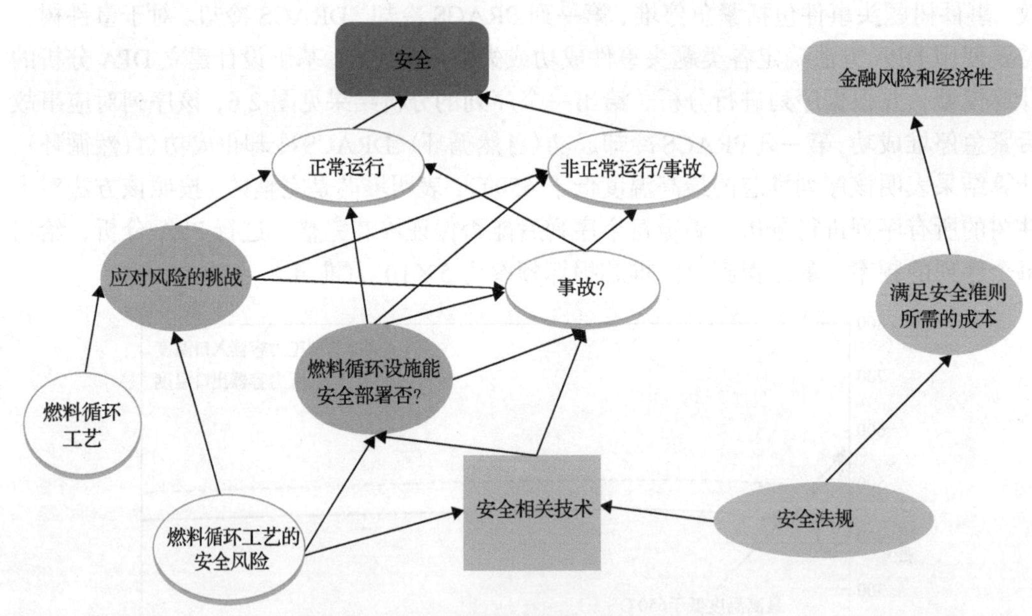

图 2.7　与安全准则相关的因素示意图

确保核设施运行安全的手段是尽量减少放射性物质接触公众、工作人员和环境。技术手段包括设施设计、合适的操作、事故预防、事故缓解。

NRC 对核设施的安全级别进行了划分：正常条件下核设施能够安全运行；能够预防非正常工况和事故工况；发生事故后能够限制后果，即限制对个人、公众和环境的危害。

正常运行：所有运行情况保证放射性低于准则限值，并合理可行尽量低，即辐射防护与安全最优化(ALARA)。该准则适用于所有的设施和操作，如后处理厂、废物贮存库及其他核燃料循环设施。铀和钍的开采也要考虑，矿工的辐照剂量也应受到管制。

非正常/事故工况：NRC 要求任何核设施的设计都要能够预防和缓解事故及其后果，范围从核设施寿期内预计可能发生的高频率、低后果事件，到核设施寿期内不太可能发生但后果非常严重的事故。

为了满足所有的安全要求，需要准确预测事故现象。需要开展并完成详细的安全分析，包括核设施所有的正常运行工况、预计运行事件、设计基准事故、低概率的严重事故。

这些分析基于核燃料循环用到的特定核设施及技术，一般与核燃料循环本身无关。

2. *核安全准则*

核安全是在设计和运行过程中进行管理的，许可证的安全要求是确保对个人、公众和环境的潜在辐射风险低于限值。因此，在开发安全准则对应的指标时，评估和筛选组(EST)关注挑战并区分这些挑战是否能够克服。为此，建立了以下两个指标：①应对安全风险的挑战；②部署系统的安全性。

“应对安全风险的挑战”主要考虑应对核燃料循环固有风险的难度，基于应对每种风险的经验。

“部署系统的安全性”给出一种决策结论，即核燃料循环是否存在不能应对的安全风险。该决策建立在“应对安全风险的挑战”指标中所有的挑战都识别出来了，决定这个设施是否能成功地部署。

其中应对安全风险的挑战指标要考虑本评价组中所有燃料循环过程的所有安全挑战，给出这些安全风险是否更具挑战、更小挑战，或者与比较基准风险相当。表 2.7 给出了本指标的评价结论说明。

表 2.7 应对安全风险的挑战的评价结论

指标评价结论分组	描述
A	比美国现有核燃料循环挑战小很多
B	比美国现有核燃料循环挑战小
C	与美国现有核燃料循环挑战相当
D	比美国现有核燃料循环挑战大
E	比美国现有核燃料循环挑战大很多

3. *废物安全准则*

DOE 废物管理评估涵盖了燃料富集、燃料组装、反应堆运行、乏燃料后处理和废物处置等整个核燃料循环，不仅包括核电厂运行过程中产生的低放废物，还包括高放废物和乏燃料等涉及燃料循环后端的物项。DOE 的评估指标见表 2.8。

表 2.8 DOE 评估指标（放射性废物管理部分）

指标	含义
单位产能产生的需要处置的 SNF+HLW 的质量	表征需要处置的废物。废物质量是核燃料循环固有的，而其他的特性如体积则依赖于具体的实现技术
单位产能产生的 SNF+HLW 的活度（100 年）	表征操作、贮存包括处置操作中的辐照和衰变热
单位产能产生的 SNF+HLW 的活度（100000 年）	表征处置的长期风险
单位产能产生的需要处置的 DU+RU+RTh 的质量	表征铀相关废物的量
单位产能产生的 LLW 的体积	表征近地表处置废物的量

注：HLW 为高放废物；LLW 为低放废物；SNF 为乏燃料；DU 为贫铀；RU 为回收铀；RTh 为回收钍。

4. 安全领域评估案例

DOE 项目有 40 个评估组，包含不同的燃料循环过程，见表 2.9。40 个评估组见表 2.10。

对于 DOE 项目的 40 个评估组，其在安全方面的评估结果表明：所有的评估组应对安全风险的条件评价结果都为 C 和 D，大多数评估组面临类似的挑战，见图 2.8，图中给出了 40 组评估组（包括一次通过式、部分循环、可持续循环方式）的评估结果，图中数值越小表示评估结果越好。EG01～EG08 为一次通过式，EG09～EG18 为部分循环，EG19～EG40 为可持续循环。“部署系统的安全性”指标上，40 个评估组都能安全部署。

表 2.9 燃料循环过程分组

编号	描述	编号	描述
FS-1	燃料供应：铀开采	RX-2	反应堆：热堆（所有其他的热堆）
FS-2	燃料供应：钍开采	RX-3	反应堆：快堆
UE-1	铀浓缩 ^{235}U 富集度小于 5%	RX-4	反应堆：次临界堆
UE-2	铀浓缩 ^{235}U 富集度大于 5%	RP-1	后处理，有 RU/Pu 产物
FF-1	未辐照铀燃料制造（接触式处理）	RP-2	后处理，有 RU/TRU 产物
FF-2	未辐照钍燃料或铀/钍燃料制造（接触式处理）	RP-3	后处理，有 U3/Th/TRU 产物
FF-3	RU/Pu 回收燃料制造（手套箱处理）	ST-1	燃料循环材料储存
FF-4	RU/TRU 回收燃料制造（遥控操作）	TR-1	燃料循环材料运输
FF-5	U3/Th/TRU 回收燃料制造（遥控操作）	DS-1	DU、RU、RTh 管理和包装
RX-0	反应堆：热堆（不需要燃料开发）	DS-2	卸出燃料的管理和包装
RX-1	反应堆：热堆（需要燃料开发）	DS-3	高放废物的准备和包装

注：RU 为回收铀；Pu 为钚；TRU 为超铀元素；U3 为 ^{233}U 占绝大多数的铀；Th 为钍；DU 为贫铀；RTh 为回收钍。

评估结果表明，安全方面不存在较大的差异，安全性的提升需要在选择特定的核燃料循环之后采用特定的技术来实现。

表 2.10 评估组循环过程表

评估组	燃料供应		富集度		新燃料制造		反应堆					后处理			燃料回收			储存	运输	处置		
	FS-1	FS-2	UE-1	UE-2	FF-1	FF-2	RX-0	RX-1	RX-2	RX-3	RX-4	RP-1	RP-2	RP-3	FF-3	FF-4	FF-5	ST-1	TR-1	DS-1	DS-2	DS-3
EG01	√		√		√		√											√	√	√	√	
EG02	√			√	√			√										√	√	√	√	
EG03	√				√		√											√	√		√	
EG04	√				√					√								√	√		√	
EG05	√	√		√		√		√										√	√	√	√	
EG06		√				√					√							√	√		√	
EG07	√				√						√							√	√		√	
EG08	√					√					√							√	√		√	
EG09	√				√					√			√			√		√	√	√	√	√
EG10		√				√			√					√				√	√		√	√
EG11	√	√		√		√				√				√			√	√	√	√	√	√
EG12	√				√			√				√			√			√	√	√	√	√
EG13	√		√		√			√				√			√			√	√	√	√	√
EG14	√				√			√		√		√			√			√	√		√	√
EG15	√		√		√		√			√		√			√			√	√	√	√	√
EG16	√		√		√		√				√	√			√			√	√	√	√	√
EG17	√	√	√		√			√				√			√		√	√	√	√	√	√
EG18	√	√		√		√		√						√			√	√	√	√	√	√
EG19	√							√				√			√			√	√	√		√
EG20	√							√					√			√		√	√	√		√

续表

评估组	燃料供应		富集度		新燃料制造		反应堆					后处理			燃料回收			储存	运输	处置		
	FS-1	FS-2	UE-1	UE-2	FF-1	FF-2	RX-0	RX-1	RX-2	RX-3	RX-4	RP-1	RP-2	RP-3	FF-3	FF-4	FF-5	ST-1	TR-1	DS-1	DS-2	DS-3
EG21	√		√		√			√				√			√			√	√	√		√
EG22	√		√		√			√					√			√		√	√	√		√
EG23	√									√		√			√			√	√	√		√
EG24	√									√			√			√		√	√			√
EG25	√	√		√	√			√						√			√	√	√	√		√
EG26		√				√			√					√				√	√			√
EG27	√	√		√		√				√				√			√	√	√	√		√
EG28		√				√				√				√			√	√	√			√
EG29	√				√			√		√		√			√			√	√			√
EG30	√				√			√		√			√			√		√	√			√
EG31	√		√		√		√			√		√			√			√	√	√		√
EG32	√		√		√		√			√			√			√		√	√	√		√
EG33	√				√			√			√	√			√			√	√			√
EG34	√				√			√			√		√			√		√	√			√
EG35	√		√		√			√			√	√			√			√	√	√		√
EG36	√		√		√			√			√		√			√		√	√	√		√
EG37	√	√	√			√	√			√				√			√	√	√	√		√
EG38		√				√		√		√				√			√	√	√			√
EG39	√	√		√		√		√			√			√			√	√	√	√		√
EG40	√	√				√		√			√			√			√	√	√			√

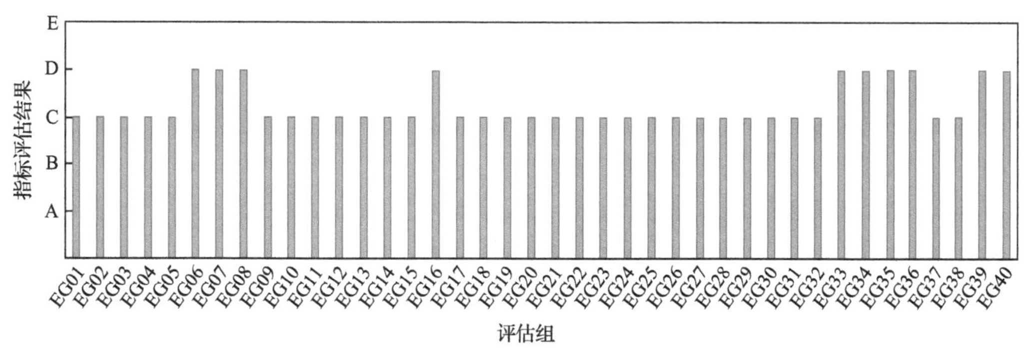

图 2.8　评估指标“应对安全风险的挑战”评价结果

2.1.4　评价方法的对比

下面从评估范围、评估流程、准则和指标、评估结论方面对 INPRO 方法、GIF 评估方法和 DOE 方法进行对比，具体见表 2.11。

表 2.11　三种评估方法比较

评估内容	INPRO 方法	GIF 评估方法	DOE 方法
评估范围	既可用于评估整个核燃料循环、核能系统，也可用于评估核能系统的某个组成部分	应用对象是由前期工作选定的六种第四代核能系统：GFR、LFR、MSR、SFR、SCWR、LHTR	应用对象是基于功能层面的核燃料循环方案
评估流程	对评估指标的计算方法无具体要求。由设计者提供需要评估的参数，由评估专家进行评估。评估专家应能判断设计者提供的评估参数值是可信的，不是过分乐观的	使用一体化安全评估方法(ISAM)在不同的设计阶段进行评估，该方法包括五种工具：定性安全特性评价(QSR)、现象识别排序表(PIRT)、目标条款树(OPT)、确定论和现象分析(DPA)、概率安全分析(PSA)	将四千多种燃料循环根据循环流程方案的不同分为 40 个评估组开展评价工作。评价时对评估组的典型案例进行分析，分析的主要内容为流程所对应的安全风险
准则和指标	2 项基本原则，10 项用户要求，37 个评估准则，以及详细的评估参数	3 个安全目标(操作安全和可靠性、堆芯损坏、场外应急响应)、7 个准则、12 个具体指标	7 个准则指标、10 种安全风险
评估结论	评价对象是否满足评估准则、用户要求、基本原则的结论	评价对象具体指标定性和定量的结论	评价对象与现有核设施风险的挑战相比具有小很多、小、相当、大、大很多的判断结论

针对创新型核反应堆和燃料循环设施的核安全和废物安全，INPRO 方法正式提出 2 项基本原则和 10 项用户要求。INPRO 对评估指标的计算方法无具体要求。由设计者提供评估参数的值或描述，参数值的计算方法由设计者选择和使用，应是合理的。评价者将具体指标与接受限值进行对比，给出是否符合接受限值的结论，自下而上给出是否满足及满足评估准则、用户要求、基本原则的程度，从而确定其在安全领域可持续发展的潜力。评估准则可分为定性和定量两种，准则要求将评价对象与参考对象(或设计)进行对比。

GIF 评估方法具有以下特点：由被广泛接受的现有工具组成或大量基于此类工具，

对新技术的开发需求最小；实际并灵活，对于复杂性和重要性不同的技术问题使用不同的方法，在不同设计阶段使用不同的分析工具；识别缺陷及其对风险的贡献；考虑不确定性；提供多学科的一体化输入；结合确定论方法和概率论方法；与 RSWG 的安全理念、PR&PP 方法及其他相关的工作一致。

DOE 对于核燃料循环的评估和筛选，安全准则重点关注满足安全要求时遇到的挑战，其中假设所有的核设施都是规范的并需要满足安全要求。重点是在核设施运行过程中正常和不正常(事故)条件下释放放射性物质的可能性，包括从燃料获取到废料处理整个核燃料循环过程中任何阶段的放射性释放。因此要保证燃料循环各个阶段的安全性满足既有的安全标准(辐射防护的标准)。由设计者给出应对挑战的方法，评价者最终给出应用对象与现有核设施的风险相比具有小很多、小、相当、大、大很多的判断结论。

2.2 中国先进堆型综合评估方法——安全领域

2.2.1 体系架构

中国先进堆型综合评估方法的指标体系构建采用层次分析法(analytic hierarchy process，AHP)，适用于解决有多种评估标准但又没有共同的尺度来衡量的问题。

为完成评估过程，需要堆型设计团队、评估团队和专家团队的合作。设计团队负责提供基础输入，评估团队负责确定评估目的、指标体系和权重，并根据设计团队给出的基础输入开展评估，专家团队负责对整个评估过程进行指导。团队的工作内容与评价指标体系的关系见图 2.9。

中国先进堆型综合评估方法中安全性能评估指标包含三个层次，第一个层次为一级指标(INL1)，第二个层次为二级指标(INL2)，第三个层次为三级指标(即输入参数)(INL3)。首先，根据重要程度为每个一级指标分配权重系数，权重系数总和为 1(即 100%)；然后，将此权重分配到二级指标，二级指标权重系数之和与其对应的一级指标权重系数相等，见式(2.1)和式(2.2)；给出每个二级指标所需的输入参数(INL3)，每个二级指标都可以有多个输入参数。由堆型的设计者给出相关的参数或文件，作为评估的基础，由评估团队进行打分和评估。

$$\sum_{i=1}^{N} \alpha_{\text{INL1-}i} = 1 \tag{2.1}$$

$$\alpha_{\text{INL1-}i} = \sum_{j=1}^{M} \alpha_{\text{INL2-}i.j} \tag{2.2}$$

式中，$\alpha_{\text{INL1-}i}$ 为一级指标 INL1-i 的权重系数；N 为一级指标的总数量；$\alpha_{\text{INL2-}i.j}$ 为二级指标 INL2-$i.j$ 的权重系数；M 为二级指标的总数量。

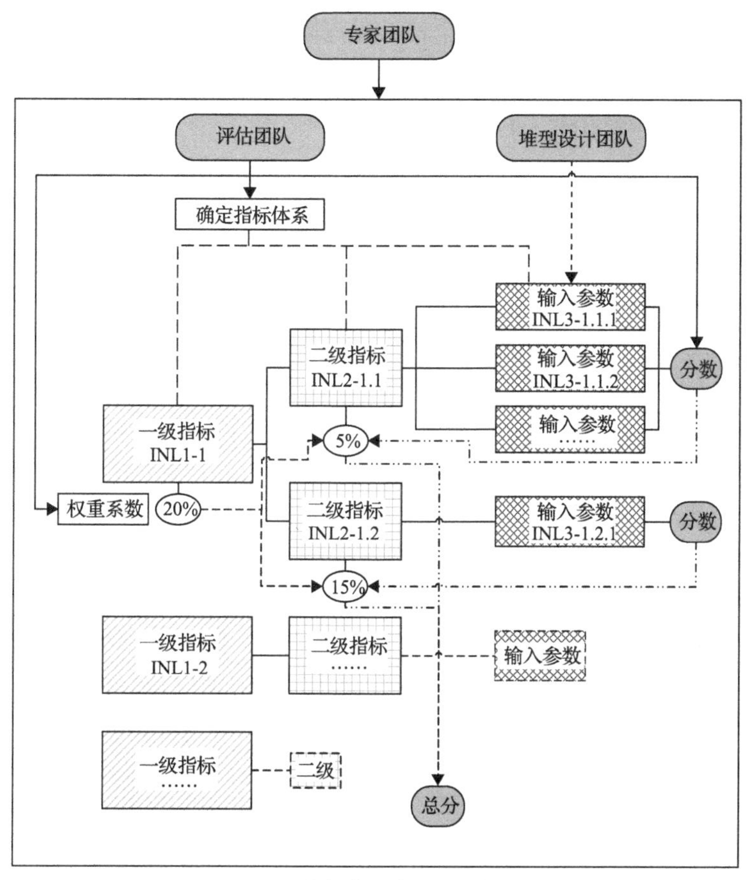

图 2.9 指标体系与团队关系图

评估团队的评估过程如下：首先给出评分准则，确定安全性能评估的基础分值(满分值)，给出二级指标的打分标准；根据设计团队给出的输入参数对二级指标进行评估，得到该二级指标的得分；根据二级指标的权重进行加权求和，得到一级指标的得分；将所有一级指标的得分加权求和，得到安全性能评估的最终得分，见式(2.3)和式(2.4)。

$$P_{\text{total}}=\sum_{i=1}^{N}P_{\text{INL1-}i} \tag{2.3}$$

$$P_{\text{INL1-}i}=\sum_{j=1}^{M}\alpha_{\text{INL2-}i.j}P_{\text{INL2-}i.j} \tag{2.4}$$

式中，P_{total} 为最终得分；$P_{\text{INL1-}i}$ 为一级指标 INL1-i 的得分；$P_{\text{INL2-}i.j}$ 为二级指标 INL2-$i.j$ 的得分。

2.2.2 指标设计与权重分配

1. 反应堆安全子领域指标

反应堆安全子领域给出 6 个一级指标，分别为正常运行安全性能、不干预时间、事故频率和后果、比例实验、固有安全性、纵深防御的独立性；13 个二级指标；31 个输入参数(表 2.12)。

1)正常运行安全性能(INL1-1)

正常运行中的安全性能是保证先进堆型运行的重要因素，在纵深防御中属于最基本的层次。正常运行安全性能的总权重为 20%，包括二级指标停堆因子(5%)、电厂可用性(5%)、系统正常运行的稳健性(10%)。

2)不干预时间(INL1-2)

安全功能的实现很大程度依赖于核能系统的固有安全性、自动操作及非能动安全系统，因此不干预时间是一个衡量指标，总权重为 20%。由于运行期间和事故期间对设备和人员的依赖不同，又分为三个二级指标：预计运行事件不干预时间(10%)、设计基准事故不干预时间(5%)、设计扩展工况不干预时间(5%)。

表 2.12　先进堆型安全性能评估体系

一级指标	二级指标	三级指标(输入参数)
INL1-1 正常运行安全性能(20%)	INL2-1.1 停堆因子(5%)	INL3-1.1.1 停堆原因及发生频率
	INL2-1.2 电厂可用性(5%)	INL3-1.2.1 电厂平均可利用率
	INL2-1.3 系统正常运行的稳健性(10%)	INL3-1.3.1 设计裕量
		INL3-1.3.2 正常运行的失效和偏离的频率
INL1-2 不干预时间(20%)	INL2-2.1 预计运行事件不干预时间(10%)	INL3-2.1.1 预计运行事件的最长不干预时间
		INL3-2.1.2 偏离正常运行检测方法
		INL3-2.1.3 仪表系统的可靠性
		INL3-2.1.4 需要的人员动作
	INL2-2.2 设计基准事故不干预时间(5%)	INL3-2.2.1 设计基准事故的最长不干预时间
		INL3-2.2.2 事故后自动或非能动系统的动作及运行方案
	INL2-2.3 设计扩展工况不干预时间(5%)	INL3-2.3.1 设计扩展工况的最长不干预时间
		INL3-2.3.2 应对设计扩展工况的自动或非能动系统动作及运行方案
INL1-3 事故频率和后果(20%)	INL2-3.1 设计基准事故频率(5%)	INL3-3.1.1 频率值
		INL3-3.1.2 频率值的计算过程
	INL2-3.2 堆芯损坏频率(5%)	INL3-3.2.1 频率值
		INL3-3.2.2 频率值的计算过程
	INL2-3.3 释放到环境频率(5%)	INL3-3.3.1 频率值
		INL3-3.3.2 频率值的计算过程
	INL2-3.4 事故后果(5%)	INL3-3.4.1 事故分析
		INL3-3.4.2 剂量计算过程

续表

一级指标	二级指标	三级指标(输入参数)
INL1-4 比例试验(15%)	INL2-4.1 比例试验(15%)	INL3-4.1.1 现象识别排序表
		INL3-4.1.2 验证矩阵
INL1-5 固有安全性(15%)	INL2-5.1 固有安全性(15%)	INL3-5.1.1 主系统贮存的能量
		INL3-5.1.2 系统中易燃物的材料、数量和质量
		INL3-5.1.3 放射性物质积存量
		INL3-5.1.4 堆外临界的可能性
		INL3-5.1.5 后备反应性
		INL3-5.1.6 反应性反馈
		INL3-5.1.7 非能动系统的安全功能和工作条件
		INL3-5.1.8 反应堆设计验收准则
INL1-6 纵深防御的独立性(10%)	INL2-6.1 纵深防御各层次系统或设计措施(10%)	INL3-6.1.1 系统或设计措施是否在超过 1 个纵深防御层次应用

3) 事故频率和后果(INL1-3)

核能系统的三个基本安全功能包括反应性控制、衰变热导出、放射性包容。与基本安全功能对应，先进堆型的重要风险包括临界风险、衰变热风险、辐照风险。事故频率和后果作为一级指标，总权重为 20%。二级指标包括设计基准事故频率(5%)、堆芯损坏频率(5%)、释放到环境频率(5%)、事故后果(5%)。

4) 比例试验(INL1-4)

很多先进堆型的设计处于研发阶段，安全分析方法的试验验证是极其重要的，因此将比例试验作为一级指标列出，权重为 15%。

5) 固有安全性(INL1-5)

先进核能系统都对固有安全性有特别的要求，每种堆型的固有安全特性也不尽相同，但都是未来的发展方向。因此将固有安全性列为一级指标，权重为 15%。

6) 纵深防御的独立性(INL1-6)

国际各个国家都对纵深防御及其独立性进行了重点关注。因此将纵深防御的独立性列为一级指标，权重为 10%。

2. 辐射安全子领域指标

辐射安全子领域的评估指标是在正常运行工况和预计运行事件下工作人员受到的职业照射剂量值，包括职业照射的个人剂量和集体剂量。工作人员受到的职业照射剂量是衡量核电机组先进性的核心指标之一。职业照射剂量评价是核电厂辐射防护评价的基础，是衡量是否符合监管剂量限值的依据，是对辐射防护最优化进行定量评估的手段之一，也是实践正当性判断和人员受照剂量分析的重要组成部分。

遵循辐射防护最优化原则，在设计阶段就应根据剂量约束确定设计目标，其中就包括厂区工作人员的年度集体剂量目标和个人剂量目标。设计的进一步完善要能够保证辐射防护的最优化，即改进花费的代价与工作人员减少的受照剂量所得到的利益相比较是值得的，因此评价集体与个人剂量是辐射防护最优化过程中的重要环节。

剂量评价是对辐射防护优化程度进行定量衡量手段之一，也是辐射防护优化程度的评价依据。通过剂量评价可以对电厂辐射防护优化进行定量的分析，并依据评价的结果进行具有针对性的设计改进。

在核电厂正常运行时，特别在换料操作、设备维护和故障设备检修过程中，人员所受各类照射与其防护措施密切相关。为了实现职业照射的优化，重点考虑工作现场的辐射水平及其相应的操作时间，后者直接取决于设备的质量、操作人员的技能和运行管理水平。因此，核电厂的设计应尽可能降低辐射源水平并考虑相应的防护手段。

职业照射集体剂量是世界核电运营者协会(World Association of Nuclear Operators，WANO)对核电厂运行性能的十大评价指标之一。ICRP 2007 年建议书中明确了集体剂量的概念仅在辐射防护优化中使用。作为优化分析的控制量，集体剂量在核电厂职业照射的辐射防护设计、运行和管理过程中对核电厂 ALARA 原则的贯彻和实现起着重要的作用。在职业照射方面，通过对预期的个人和集体剂量进行评估，可以对不同防护措施和操作情景做出分析比较并进行优化决策。剂量评价是通过对工作人员的日常维修工作进行分析作出的。根据国内外压水堆核电厂运行经验，职业照射约 20%的剂量是在反应堆运行期间接受的，80%的剂量则是在换料和停堆维修期间接受的。

图 2.10 为经济合作与发展组织核能署(OECD NEA)和 IAEA 联合开发的职业照射信息系统(ISOE)年度报告中发布的世界核电机组 1992～2020 年的年平均集体剂量变化趋势[10]，其中压水堆核电机组的集体剂量已从 1992 年的 1.7 人·Sv/(堆·年)下降至 2020 年的略低于 0.5 人·Sv/(堆·年)。图 2.11 为 ISOE 发布的世界(部分)压水堆核电机组

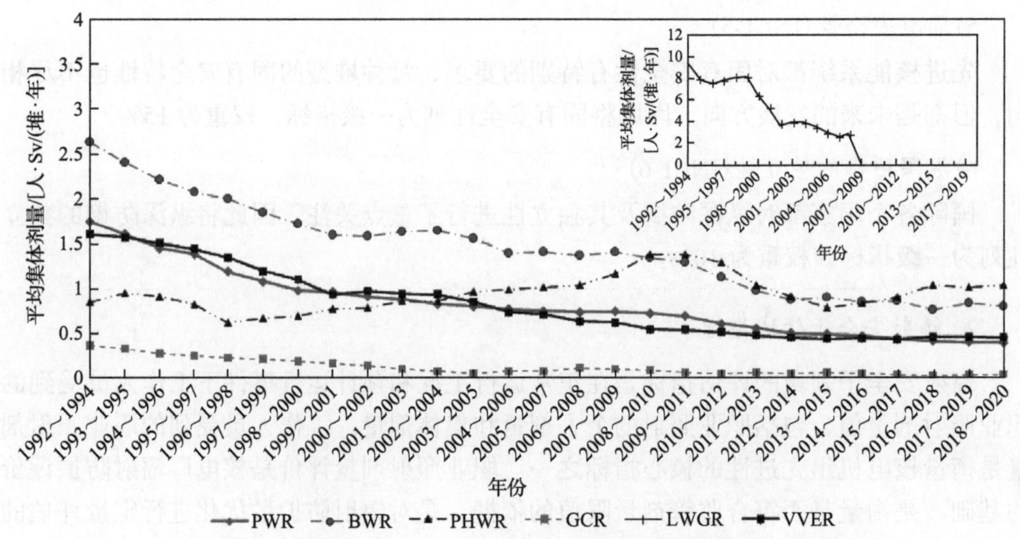

图 2.10　世界核电机组 1992～2020 年的年平均集体剂量变化趋势(ISOE)

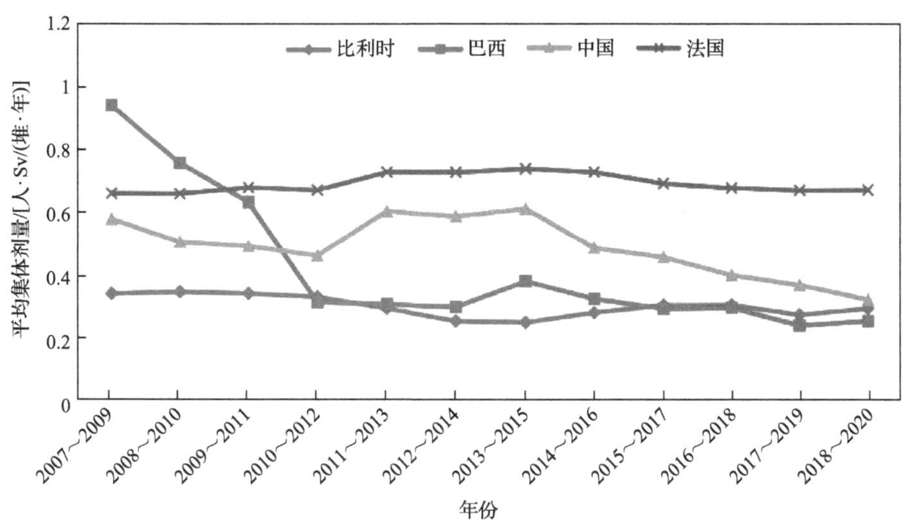

图 2.11　世界(部分)压水堆核电机组 2007～2020 年的年平均集体剂量变化趋势(ISOE)

2007～2020 年的年平均集体剂量变化趋势，其中我国压水堆核电机组的集体剂量总体分布在 0.4～0.6 人·Sv/(堆·年)。

辐射安全子领域设置两个指标如下。

1)指标 1：个人剂量

指标说明：在评价工作人员职业照射的个人剂量是否满足剂量限值、剂量约束值、设计目标值时所采用的量，是指在规定期间里内、外照射剂量之和，即规定期间里所受外照射剂量与在同一期间内摄入放射性物质所致的待积剂量之和。

针对外照射所致的个人有效剂量，可合理选择能够直接计算和测量的运行实用量作为有效剂量的评估值。针对某些特定的工作任务，除了评估外照射所致的个人有效剂量外，还应对人员的组织或器官当量剂量进行评估(如眼晶体、性腺、皮肤或肢端受到的局部照射)，可合理选择能够直接计算和测量的运行实用量作为组织或器官当量剂量的评估值。针对内照射所致的个人待积剂量，可根据直接或间接测量，同时利用描述放射性核素在人体内行为的生物动力学模型计算出放射性核素的摄入量和所产生的待积当量剂量以及待积有效剂量。

2)指标 2：集体剂量

指标说明：对于职业照射，集体剂量是在规定期限内或在指定辐射区域、工作人员群组所实施的某项操作期间内，所有人员受到的照射。在设计阶段，应遵照辐射防护最优化原则或参照良好实践设定集体剂量设计目标。集体剂量的计算原则应符合《电离辐射防护与辐射源安全基本标准》(GB 18871—2002)中的相关规定。集体剂量的单位一般采用人·Sv/(机组·年)或人·Sv/(堆·年)，在进行比较时也可使用归一化的单位人·Sv/(GWe·a)。

对于职业照射的个人剂量和集体剂量，在设计阶段就应当对其运行规定一个剂量约束值，以保证剂量限值不被超过，剂量约束可作为辐射防护最优化过程中预期剂量的上限；在设计过程中，必须确保源相关的剂量不会超过约束值。

3. 废物管理子领域指标

废物管理子领域的指标共有五个，分别为废物最小化、废物最终状态、处置前的废物管理、排放情况和废物管理成本。这五个指标涵盖了核电厂寿期内从废物产生、处理到处置的全过程。

1) 指标 1：废物最小化

在核电厂的设计、建造、运行和退役过程中，宜通过源头控制、再循环与再利用、清洁解控、优化处理过程和强化管理等措施，合理可行地使最终放射性固体废物产生量(体积和活度)尽量低。

核电厂单位发电功率对应的年废物包体积是废物最小化的重要表征。

2) 指标 2：废物最终状态

废物最终状态指放射性废物经过处理和整备后，送往区域处置场时的状态。应综合考虑最终状态的减容/增容比、废物包的表面剂量率以及废物包的环境稳定程度。

3) 指标 3：处置前的废物管理

处置前的废物管理指在核电厂内采取的废物管理措施。与之相关的表征有运行管理水平、相关设备状态、放射性废物产生及消耗材料的使用。

例如，在运行管理方面，优化预防性维修计划并加强控制区内人员和物项管理以减少废物产生；在设备方面，采用可靠性高的设备以有效减少设备的泄漏和维修频率；在耗材使用方面，加强防护用品重复使用以降低废物量。

4) 指标 4：排放情况

核电厂运行期间会产生液态和气态流出物，单位发电功率对应的液态和气态流出物排放量是排放情况的重要表征。

5) 指标 5：废物管理成本

废物管理成本指对废物进行管理时消耗的人力、物力。宜对处理单位体积废物使用的成本进行评估。

2.2.3 数据收集模板

1. 反应堆安全数据收集

为了开展安全性能的评估，建立输入参数的模板，给出输入参数的说明、所需文件或内容。

一级指标 INL1-1 至 INL1-6 对应的输入参数模板见表 2.13～表 2.18。

表 2.13 INL1-1 对应的输入参数模板

输入参数	参数说明	所需文件或内容
INL3-1.1.1 停堆原因及发生频率	明确可能引起停堆的原因和发生的频率，如检修、试验、换料等	提供设计总说明书 检修停堆频率、试验停堆频率、换料停堆频率和其他停堆频率，最终给出停堆因子
INL3-1.2.1 电厂平均可利用率	可利用率及其支撑材料	提供可利用率及相关政策和说明文件
INL3-1.3.1 设计裕量	安全相关参数的裕量包括压力、温度、载荷、疲劳等等	示例：主回路系统的运行值和设计值，压力容器的应力分析等
INL3-1.3.2 正常运行的失效和偏离的频率	该类始发事件频率由运行经验和概率分析	提供概率值和概率安全分析报告

表 2.14 INL1-2 对应的输入参数模板

输入参数	参数说明	所需文件或内容
INL3-2.1.1 预计运行事件的最长不干预时间	给出数值	示例：30min
INL3-2.1.2 偏离正常运行检测方法	提供测量系统和控制系统的说明	提供总体设计说明书或电厂保护系统说明书等，包含电厂的保护系统或多样化保护系统的功能说明
INL3-2.1.3 仪表系统的可靠性	仪表系统设计中的冗余性和多样性	提供证据证明仪表的可靠性
INL3-2.1.4 需要的人员动作	根据工况列出需要的人员动作	提供事故序列或事故规程
INL3-2.2.1 设计基准事故的最长不干预时间	给出数值	示例：8h
INL3-2.2.2 事故后自动或非能动系统的动作及运行方案	列出所有设计基准事故，并给出事故缓解措施	提供事故分析报告、电厂设计概述或系统说明书等，需要包括主要系统和专设安全设施的功能说明，如反应堆冷却剂系统、安全壳、安全壳喷淋系统、安全注入系统、辅助给水系统、硼注入系统、非能动安全壳热量导出系统、余热排出系统、二次侧非能动余热排出系统
INL3-2.3.1 设计扩展工况的最长不干预时间	给出数值	示例：8h
INL3-2.3.2 应对设计扩展工况的自动或非能动系统动作及运行方案	列出所有设计扩展工况，说明事故缓解措施的可用性及可靠性	提供事故分析报告、电厂设计概述或系统说明书等，需要包括主要系统和专设安全设施的功能说明，如反应堆冷却剂系统、安全壳、安全壳喷淋系统、安全注入系统、辅助给水系统、硼注入系统、非能动安全壳热量导出系统、余热排出系统、二次侧非能动余热排出系统

表 2.15 INL1-3 对应的输入参数模板

输入参数	参数说明	所需文件或内容
INL3-3.1.1 频率值	给出设计基准事故的频率计算值	示例：10^{-3}/(堆·年)
INL3-3.1.2 频率值的计算过程	电厂状态、始发事件分类、说明等。事件序列分析，包括时间进程、事件树题头及其成功准则、事件树的发展等；系统故障树分析，包括系统描述、故障树构模及定量分析；还应包括人因可靠性分析、数据分析(如设备不可用度、失效模式、共因失效等)；相关的不确定性分析、重要度分析和敏感性分析	提供概率安全分析报告，包括概率安全分析的全过程，如始发事件分析、事件序列分析、成功准则分析、系统分析、人员可靠性分析等提供足够的参数或系统设计情况表明在设计基准事故设置了足够的安全设施可以将电厂恢复到受控状态(无须人员动作)
INL3-3.2.1 频率值	给出堆芯损坏频率计算值	示例：10^{-5}/(堆·年)
INL3-3.2.2 频率值的计算过程	序列分析，包括时间进程、事件树题头及其成功准则、事件树的发展等；系统故障树分析，包括系统描述、故障树构模及定量分析；还应包括人因可靠性分析、数据分析(如设备不可用度、失效模式、共因失效等)，以及相关的不确定性分析、重要度分析和敏感性分析	提供概率安全分析报告，包括概率安全分析的全过程，如始发事件分析、事件序列分析、成功准则分析、系统分析、人员可靠性分析等。提供足够的参数表明，堆芯损坏事故设置了足够的缓解措施，有相关的事故分析程序
INL3-3.3.1 频率值	给出释放到环境频率计算值	示例：10^{-5}/(堆·年)
INL3-3.3.2 频率值的计算过程	序列分析，包括时间进程、事件树题头及其成功准则、事件树的发展等；系统故障树分析，包括系统描述、故障树构模及定量分析；还应包括人因可靠性分析、数据分析(如设备不可用度、失效模式、共因失效等)；相关的不确定性分析、重要度分析和敏感性分析	提供概率安全分析报告，包括概率安全分析的全过程，如始发事件分析、事件序列分析、成功准则分析、系统分析、人员可靠性分析等。提供大量释放到环境事故计算的释放后果，该释放后果应该足够小，不需要进行场外撤离
INL3-3.4.1 事故分析	各序列的源项计算结果	提供源项计算报告
INL3-3.4.2 剂量计算过程	各序列的放射性后果	提供源项计算报告

表 2.16 INL1-4 对应的输入参数模板

输入参数	参数说明	所需文件或内容
INL3-4.1.1 现象识别排序表	决策者通过识别一个系统中的现象，并对其重要性进行排序，认识到现象与知识体系的相对状态，从而识别系统的弱点，确定后续研发的方向	表格中对于每个现象的评价包含两个维度：重要度排序和知识体系评价。示例：某现象，重要程度(H, M, L, I)，知识级别(4,3,2,1)
INL3-4.1.2 验证矩阵	需要结合 PIRT 表设计相应的实验，每项实验中包含一项或多项现象	根据实验与现象的关系给出验证矩阵。示例：某实验，包含某现象

表 2.17 INL1-5 对应的输入参数模板

输入参数	参数说明	所需文件或内容
INL3-5.1.1 主系统贮存的能量	一回路系统贮存的能量	要求提供数值，并说明已经尽可能小
INL3-5.1.2 系统中易燃物材料、数量和质量	提供数值，减少易燃物的总量	要求提供数值，并说明已经尽可能小
INL3-5.1.3 放射性物质积存量	提供数值	要求提供数值，并说明已经尽可能小

续表

输入参数	参数说明	所需文件或内容
INL3-5.1.4 堆外临界的可能性	避免临界	要求提供数值
INL3-5.1.5 后备反应性	尽可能降低后备反应性	要求提供数值
INL3-5.1.6 反应性反馈	根据堆型特点提供反应性反馈特性	要求提供数值
INL3-5.1.7 非能动系统的安全功能和工作条件	系统可用性及可靠性说明	提供系统设计说明书，包含非能动系统的安全功能
INL3-5.1.8 反应堆设计验收准则	维持反应堆安全的各部件、设备和系统保持其性能的条件	提供验收准则研究报告

表 2.18 INL1-6 对应的输入参数模板

输入参数	参数说明	所需文件或内容
INL3-6.1.1 系统或设计措施是否在超过 1 个纵深防御层次应用	分层次列出纵深防御各层次应用的系统和设计措施； 说明相应的系统和措施在各层次间是否独立	提供设计总说明； 并提供纵深防御的措施和独立性，示例： 纵深防御第一层措施：采用经验证的技术、对物项进行安全分级，采用合适的设计、建造、制造、安装以及维护标准等； 纵深防御第二层次措施： ⋮ 纵深防御层次间尽实际可能地独立，其中第 I 层次措施完全独立于第 J 层次措施

2. 辐射安全数据收集

职业照射个人剂量指标的评价，需给出表 2.19 所示的不同岗位或活动类别对应的工作人员工作场所辐射分区或剂量率水平，以及工作时间，从而得到剂量率水平较高的专项作业中工作人员在工作位置处的剂量率水平和工作时间。此外，还需给出个人剂量分布情况，如表 2.20 所示。从这些分布可以看出，个人有效剂量超过 5mSv/a 的人员占全部工作人员的比例以及是否有大于 10mSv/a 的情况发生等。

表 2.19 个人剂量和集体剂量指标评价所需参数列表

活动类别	活动项	集体有效剂量/(人·mSv)	工作时间/(人·h)	工作人员数量	最大个人有效剂量/mSv	异常事件
反应堆运行与监督	系统运行和测试					
	例行巡逻和检查					
	日常工作					
	例行检测					
	化学取样和分析					
燃料处理操作	换料工作准备					
	燃料操作					

续表

活动类别	活动项		集体有效剂量/(人·mSv)	工作时间/(人·h)	工作人员数量	最大个人有效剂量/mSv	异常事件
在役检查	管道						
	换热类设备						
	容罐类设备						
	⋮						
废物处理	放射性废物处理	工作准备					
		废物收集和处理					
		废物盘存和运输					
		⋮					
	系统调节和维修	容罐类设备维检					
		管道检修					
		换热类设备维检					
		阀类维检					
		⋮					
维修	反应堆相关作业						
	蒸汽发生器作业						
	放射性泵类作业						
	阀门作业						
	其他设备	容罐维检					
		管道检修					
		其他					
	核清洁作业						
	辐射防护						
	⋮						
其他	⋮						

表 2.20　个人剂量分布情况

剂量区间/mSv	人数		
	年份 1	年份 2	…
<0.2			
0.2～0.5			

续表

剂量区间/mSv	人数		
	年份 1	年份 2	…
0.5～1			
1～2			
2～5			
5～10			
10～20			
>20			
合计			

职业照射集体剂量指标评价需要根据特定堆型给出运行和停堆期间工作人员的主要活动类别，其格式见表 2.19 和表 2.21。表 2.19 中的各类活动职业照射剂量填入表 2.21 中相应项内，求和得到核电厂的年职业照射集体剂量。表 2.19 仅提供和说明了集体有效剂量评价活动分类参考形式，先进核反应堆可根据其自身特征和实际情况进行调整。

表 2.21 职业照射集体剂量指标评价需给出主要活动类别的格式

活动类别	集体有效剂量/[人·Sv/(堆·年)]
反应堆运行与监督	
燃料处理操作	
在役检查	
废物处理	
维修	
其他	
总计	

3. 废物管理数据收集

针对不同评估指标的输入参数及参数来源见表 2.22。

表 2.22 废物管理数据收集表

评估指标	输入参数	参数来源
废物最小化	(1)每吉瓦年产生的废物体积(各类废物体积) (2)每吉瓦年产生各类废物的比活度	项目环境影响评价报告(选址阶段)、项目环境影响评价报告(建造阶段)、安全分析报告

续表

评估指标	输入参数	参数来源
废物最终状态	(1)每吉瓦年产生送处置厂的低放废物的数量和最大比活度 (2)每吉瓦年产生送处置厂的中放废物的数量和最大比活度	项目环境影响评价报告(选址阶段)、项目环境影响评价报告(建造阶段)
处置前的废物管理	(1)废物处理的效率 (2)废物处理工艺技术指标，如临界安全、热量带出条件、放射性排放控制措施、辐射防护措施、活度/体积降低措施、废物形态等满足国家法规标准 (3)废物处理工艺安全可靠性	
排放情况	(1)废液排放体积、活度浓度和总活度 (2)废气排放体积、活度浓度和总活度(注：废气排放体积只有运行阶段能够提供)	
废物管理成本	(1)寿期内运行产生的废液、废气、固体废物的处理成本 (2)寿期内产生废物的运输、贮存、处置成本	项目环境影响评价报告(建造阶段)

2.2.4 评估示例

本节以某高温气冷堆的设计方案为例，简单给出评估示例。

1. 反应堆安全

反应堆安全领域给出 6 个指标，分别为正常运行安全性能、不干预时间、事故频率和后果、比例实验、固有安全性、纵深防御的独立性。

高温气冷堆通常采用三层各向同性(tristructural isotropic，TRISO)包覆颗粒的燃料元件，已开展了 1700℃的加热实验，并未发现燃料包覆颗粒的破损[11]。目前，基于该高温气冷堆设计方案的事故分析表明燃料元件的温度低于试验温度，并有一定的裕量。

基于 TRISO 燃料耐高温、包覆放射性的特点，结合安全壳设计理念等，高温气冷堆从原理上不存在压水堆堆芯熔化或者大规模放射性释放的关键点，因此，PSA 分析时，直接以放射性释放为分析目标，将事件进程发展到可能造成的环境释放。从始发事件出发，一直发展到释放类，以释放类频率、源项以及剂量后果为定量化目标。高温气冷堆对于操作员的要求比较低，不需要额外的动作，能够保证至少 72h 的安全。堆型有相应的监测系统，能够监测堆芯的压力、出入口温度、堆芯功率、二回路压力等参数。仪表系统的设计具有冗余性，可靠性较高。设计了在事故后运行的安全系统，保证事故后反应堆的安全性，限制了放射性的释放。在事故后，非居住区边界处个人可能受到的有效剂量和甲状腺剂量当量远低于法规要求。针对设计扩展工况，进行了细致的分析，提出了管理要求。

依靠高温气冷堆的固有安全特性，堆芯不会发生损坏。根据高温气冷堆的特点可以判断，在堆芯损坏频率这个指标上，高温气冷堆具有绝对的优势。

高温气冷堆确保能够避免堆外临界。反应堆的温度负反馈性能好。固有安全性保证停堆安全，同时设计了非能动系统，进一步保障安全。

纵深防御层次为三层或四层，不需要第五层防御措施。

综合上述评价，高温气冷堆在安全方面具有很好的优势。

2. 辐射安全领域

高温气冷堆开展了辐射防护最优化方面的实践，在电站布局设计上充分考虑了辐射防护最优化原则。在人员的防护方面，除了通过辐射分区规定和控制人员在放射性区域的工作时间外，在电站布局设计上还充分考虑了人员检修、操作和维护的需要。相关系统的设计与布置均充分考虑到了人员维修的便捷性与时间，并通过屏蔽设计、剂量核算等途径，规划了人员行走的路线与维修的空间，为降低维修人员剂量做了充分的准备。

高温气冷堆的各个系统在辐射屏蔽设计过程中，对潜在的维修活动给予了充分的考虑，根据维修的频次、具体内容和时间，对屏蔽设计进行了优化，使得屏蔽后的场所剂量率既能满足辐射分区要求，也能适应周围空间、温度等条件的限制。

相比于传统压水堆，高温气冷堆的系统简化，工作人员检维修操作项较少，这是高温气冷堆在职业照射控制方面具有的优势。

3. 废物安全领域

高温气冷堆一回路采用惰性气体作为冷却剂，废液以低放射性的地面排水为主，处理废液的二次废物量也相对较少，使得高温气冷堆在废物最小化程度方面有一定优势。

2.3 小　　结

先进堆型的安全性评估是一项非常复杂的工作，不同的设计有不同的固有安全性和缺陷，缓解措施也多种多样；不同的阶段也会有不同详细程度的设计信息；分析时需要用到不同的工具，工具的有效性和保守性也各不相同；因此，在安全性的评估方面需要综合考虑这些因素。

本章提出的中国先进堆型综合评估方法，在安全方面分别针对反应堆安全、辐射安全、废物安全提出了一级指标、二级指标、输入参数，综合考虑影响安全的多项因素。

参 考 文 献

[1] International Atomic Energy Agency. INPRO methodology for sustainability assessment of nuclear energy systems: Safety of nuclear reactors: IAEA-TECDOC-1902. IAEA, Vienna, 2020.

[2] World Commission on Environment and Development. UNITED NATIONS, Our Common Future(Report to the General Assembly). New York, 1987.

[3] International Atomic Energy Agency. Radiation protection aspects of design for nuclear power plants. IAEA Safety Standards, Safety Guide No. NS-G-1.13. IAEA, Vienna, 2005.

[4] International Atomic Energy Agency. Radiation protection and safety of radiation sources. International Basic Safety Standards,

IAEA Safety Standards, General Safety Requirements Part 3, No. GSR Part 3. IAEA, Vienna, 2014.
[5] International Atomic Energy Agency. Occupational radiation protection. IAEA Safety Standards Series, General Safety Guide No. GSG-7, IAEA, Vienna, 2018.
[6] International Atomic Energy Agency. Limited scope sustainability assessment of planned nuclear energy systems based on BN-1200 fast reactors. Vienna, 2021.
[7] An Integrated Safety Assessment Methodology（ISAM）for Generation IV Nuclear Systems: GIF/RSWG/2010/002/Rev.1. 2011.
[8] Guidance Document for Integrated Safety Assessment Methodology（ISAM）-（GDI）: GIF/RSWG/2014/001/Rev.1. 2014.
[9] Generation IV International Forum. Sodium-cooled fast reactor（SFR）risk and safety assessment white paper: Version 1.4. 2016.
[10] OECD/NEA. Occupational Exposures at Nuclear Power Plants, 2023.
[11] Freis D, El Abjani A, Coric D, et al. Burn-up determination and accident testing of HTR-PM fuel elements irradiated in the HFR petten// Proceedings of HTR 2018, Warsaw, 2018.

第 3 章

经 济 评 估

3.1 国际评估方法——经济领域

3.1.1 INPRO 评估方法——经济领域

1. 概述

为了在可持续发展的总框架内解决与确保能源供应所需创新型核能系统的发展和推广利用有关的具体问题，INPRO 项目专门开发了一个在安全、经济、环境、废物管理、防核扩散、实物保护和核基础等领域评估创新型核能系统可持续发展潜力的方法，即 INPRO 评估方法。

2. 评估指标

在 INPRO 评估方法的经济领域，有 1 个基本原则(BP)、4 个用户要求(UR)、8 个评估准则(CR)(表 3.1)。经济领域的基本原则(BP)是：创新型核能系统提供的能源和相关产品及服务，应该是买得到、买得起的，即向消费者提供的价格必须能够与其他能源形式竞争。

表 3.1　INPRO 经济领域 UR 和 CR 的评估指标集[1]

UR	CR
UR1：能源成本 在考虑所有费用后，INS 的能源成本 C_N，与同时期、同地域可能获得的其他能源的成本 C_A 相比，应具有竞争力	CR1.1：成本竞争力
UR2：融资能力 INS 的设计、建造、调试所需要的总投资，应能顺利募集	CR2.1：投资吸引力
	CR2.2：投资限制
UR3：投资风险 创新型核能系统的投资风险应当是投资者可接受的	CR3.1：设计成熟度
	CR3.2：建造进度
	CR3.3：输入参数的敏感性
	CR3.4：政治环境
UR4：灵活性 创新型核能系统应具有满足不同市场需求的灵活性	CR4.1：灵活性

在确定核能系统和与之竞争的其他能源的最终成本时，必须把一切相关的成本包

括进去。在评估 UR1 时，为了对比核能系统与其他能源的成本，INPRO 方法引入平准化发电成本(levelized unit energy cost，LUEC)来计算 C_N 和 C_A。基于项目整个寿期内的相关技术经济数据，考虑所有成本并进行贴现后，计算得到 LUEC。

融资能力(UR2)中提到的投资包括两个方面：投资回报预期带来的投资吸引力和投资限制。投资吸引力通常是通过确定的财务指标来量化的，包括内部收益率(IRR)、净现值(NPV)、投资回报率(ROI)等。投资限制(CR2.2)通过总投资来量化，是电厂在运营之前所需的全部投资，包括通常所说的隔夜投资和建设期利息，隔夜投资包括预备费和业主费用。

在经济性分析中，为了解模型假设的变化对经济分析结果的影响，从而掌握各种因素变化的相关风险，应对重要输入参数，如建造费用、贴现率、建造周期、负荷因子等进行敏感性分析。

3. *计算方法介绍*

INPRO 经济评估通常使用经济分析工具 NEST(NESA economic support tool)，使评估人员能够轻松地计算相关财务指标，如 LUEC、NPV、IRR、ROI 及总投资等。NEST 既可计算核能系统，又可计算其他能源形式的相关财务指标，计算结果作为 INPRO 经济评价的输入，并依据这些指标对项目的经济性作出评价。

在 NEST 的基础版本中，针对两种类型的使用铀燃料的开式核燃料循环的水冷式核反应堆和一个可替代能源电厂，给出了计算 LUEC、IRR、ROI、NPV 和总投资的公式。两种类型的核电厂是压水堆和重水堆，但也可以是任何类型的采用开式核燃料循环的核反应堆。其他能源形式以化石燃料电厂为典型代表，用户可以通过调整适当的输入数据将其转换为风电厂、水电厂或光伏电站。

LUEC 的计算包括三个部分：平准化投资成本(LUAC)、平准化运维成本(LUOM)及平准化燃料成本(LUFC)，单位通常是美元/(MW·h)或元/(kW·h)。

在 NEST 基础模型中，LUAC 又被分成三部分，用式(3.1)表示：

$$\mathrm{LUAC}=\frac{\mathrm{ONT}+\mathrm{IDC}}{\mathrm{Lh}}+\mathrm{LUAC_{BF}}+\mathrm{LUAC_{D}} \tag{3.1}$$

式中，$\mathrm{LUAC_{BF}}$ 为用于更换部分主设备的费用，只在电厂需要延寿时才有，其他情况下取值为 0，需要计取时，其数值由设计者提供；$\mathrm{LUAC_{D}}$ 为平准化退役成本；ONT 为隔夜总造价，包括隔夜建设成本(OCC)、预备费(CC)和业主费用(OC)，如果没有利息，ONT 将等于建设项目的成本。以上均为 NEST 的输入参数，并以单位成本的形式体现。

建设期利息(IDC)通常等于资本化利息，定义如下：

$$\mathrm{IDC}=\mathrm{ONT}\left[\sum_{t=t_{\mathrm{START}}}^{0}\frac{\omega_t}{(1+r)^t}-1\right] \tag{3.2}$$

式中，r 为折现率，体现了资金的时间价值；ω_t 为年建设投资的归一化分配，定义见

式(3.3)、式(3.4):

$$\omega_t = \frac{\mathrm{ONT}_t}{\mathrm{ONT}} \tag{3.3}$$

$$\mathrm{ONT} = \sum_{t=t_{\mathrm{START}}}^{0} \mathrm{ONT}_t \tag{3.4}$$

另外，t_{START} 为一个负值，它和 0 之间的时间是建设期 T_{c}，ω_t 和 T_{c} 都是 NEST 的输入数据。

中间参数 Lh 用式(3.5)表示:

$$\mathrm{Lh} = 8760 \cdot \mathrm{Lf} \cdot \sum_{t=0}^{t_{\mathrm{LIFE}}} \frac{1}{(1+r)^t} = 8760 \cdot \mathrm{Lf} \cdot \left[\frac{1-\left(\frac{1}{1+r}\right)^{t_{\mathrm{LIFE}}+1}}{1-\frac{1}{1+r}} \right] \tag{3.5}$$

式中，Lf 为负荷因子；8760 为年小时数；t_{LIFE} 为电厂的寿期；r 为实际的折现率。它们都是 NEST 的输入数据。

平准化运维成本(LUOM)包括依赖于发电量的可变运维成本和独立于发电量的固定运维成本。假设运维成本按年均匀分布，且反应堆功率和负荷因子不变，则 LUOM 可以简化为

$$\mathrm{LUOM} = \frac{\sum_{t=0}^{t_{\mathrm{END}}} \frac{\mathrm{O\&M}_t}{(1+r)^t}}{\sum_{t=0}^{t_{\mathrm{END}}} \frac{P_t \cdot 8760 \cdot \mathrm{Lf}_t}{(1+r)^t}} = \frac{\mathrm{O\&M} \cdot \sum_{t=0}^{t_{\mathrm{END}}} \frac{1}{(1+r)^t}}{P \cdot 8760 \cdot \mathrm{Lf} \sum_{t=0}^{t_{\mathrm{END}}} \frac{1}{(1+r)^t}} = \frac{\mathrm{O\&M}}{P \cdot 8760 \cdot \mathrm{Lf}} \tag{3.6}$$

$$\mathrm{LUOM} = \frac{(\mathrm{O\&M})_{\mathrm{FIX}}}{8760 \cdot \mathrm{Lf}} + (\mathrm{O\&M})_{\mathrm{VAR}} \tag{3.7}$$

式中，P_t 为 t 年的发电功率；P 为年平均发电功率；$\mathrm{O\&M}_t$ 为第 t 年的年度运维费用。其中，下标为 FIX 的部分是固定运维成本，与装机容量相关，但与发电量无关；下标为 VAR 的部分是可变运维成本，与发电量相关。两者都是 NEST 的输入数据。

平准化燃料成本(LUFC)包括燃料循环的前端和后端成本，在基础模型中可以分成三部分:

$$\mathrm{LUFC} = \frac{\mathrm{FC}_1}{\eta \cdot \delta \cdot \mathrm{Lh}} + \frac{\mathrm{FC}_{\mathrm{RE}}}{Q \cdot \eta} + \frac{\mathrm{SF}}{Q \cdot \eta} \tag{3.8}$$

式中，η 为电厂的净热效率；δ 为反应堆堆芯满功率平均功率密度；Q 为平均卸料燃耗；SF 为考虑反应堆类型的燃料后端成本；FC_1、$\mathrm{FC}_{\mathrm{RE}}$ 为首炉堆芯和换料堆芯的每千克重

金属燃料的前端成本。以上均为 NEST 的输入数据。

FC 的表达式为

$$\mathrm{FC}=\sum_{k=1}^{N_{\text{stages}}}\left(\mathrm{SC}_k\cdot\mathrm{SN}_k\cdot\mathrm{HM}_k\cdot\frac{1}{(1+r)^{t_k-t_0}}\right) \tag{3.9}$$

式中，N_{stages}为燃料循环前端的阶段，$N_{\text{stage}}=4$；$k=1$ 时为购买天然铀的阶段，$k=2$ 时为转换阶段，$k=3$ 时为富集阶段(浓缩阶段)，$k=4$ 时为燃料制造阶段；SC_k为特定阶段的前端燃料循环成本，如 $k=1$ 时 SC_1 为天然铀购买成本，$k=3$ 时 SC_3 为富集成本；SN_k为在燃料循环前端的任何阶段的特定服务单元；t_k-t_0 为前端开始的每个阶段都需要处理燃料的时间。以上都是 NEST 的输入数据。

HM_k是考虑到所有的损失，生产 1kg 最终核燃料在阶段 k 所需的重金属：

$$\mathrm{HM}_k=\prod_{j=k}^{N_{\text{stages}}}\mathrm{HMI}_j^{j+1}\cdot\left(1+l_j\right) \tag{3.10}$$

式中，HMI_j^{j+1} 为在 j 阶段为 $j+1$ 阶段生产 1kg 的燃料所需要的重金属的数量，不考虑损失(即理想情况)；l_j为加工过程中铀的损失，例如，$j=2$ 为在铀转换中的损失。这些都是 NEST 的输入数据。

SN_3代表的是分离功，在铀富集的特定阶段，用以下公式计算：

$$\begin{aligned}\mathrm{SN}_3=&\left(2\varepsilon_{\mathrm{P}}-1\right)\cdot\ln\left(\frac{\varepsilon_{\mathrm{P}}}{1-\varepsilon_{\mathrm{P}}}\right)-\left(2\varepsilon_{\mathrm{T}}-1\right)\cdot\ln\left(\frac{\varepsilon_{\mathrm{T}}}{1-\varepsilon_{\mathrm{T}}}\right)\\&-\frac{\varepsilon_{\mathrm{P}}-\varepsilon_{\mathrm{T}}}{\varepsilon_{\mathrm{F}}-\varepsilon_{\mathrm{T}}}\cdot\left[\left(2\varepsilon_{\mathrm{F}}-1\right)\cdot\ln\left(\frac{\varepsilon_{\mathrm{F}}}{1-\varepsilon_{\mathrm{F}}}\right)-\left(2\varepsilon_{\mathrm{T}}-1\right)\cdot\ln\left(\frac{\varepsilon_{\mathrm{T}}}{1-\varepsilon_{\mathrm{T}}}\right)\right]\end{aligned} \tag{3.11}$$

式中，ε_{P}被定义来体现首炉和换料的不同，通常这样命名：$\varepsilon_{\mathrm{P1}}$为首炉燃料最低富集度，$\varepsilon_{\mathrm{P2}}$为首炉燃料中间富集度，$\varepsilon_{\mathrm{P3}}$为首炉燃料最高富集度和常规换料燃料；$\varepsilon_{\mathrm{F}}$为天然铀中 ^{235}U 富集度；$\varepsilon_{\mathrm{T}}$ 为尾料铀中 ^{235}U 富集度。

LUEC 也可以用来计算其他能源形式(化石燃料电厂)的 LUEC。考虑到非核电厂通常使用一个恒定的现金流，式(3.2)用于非核电厂的 IDC 计算时可简化如下：

$$\mathrm{IDC}=\mathrm{ONT}\cdot\left[\frac{1}{T_{\mathrm{C}}}\sum_{t=t_{\text{START}}}^{0}\frac{1}{(1+r)^t}-1\right] \tag{3.12}$$

式中，t_{START} 为 NEST 的输入数据。

对于化石燃料发电厂来说，人们通常会假设零后端成本和退役成本($\mathrm{LUAC_{BF}}$ 和 $\mathrm{LUAC_D}$)。主要设备部件的定期更换可以包括在运维成本中。

式(3.6)也可以用于计算可替代电厂的 LUOM。与核电厂相比，LUFC 燃料成本的公式存在明显的不同。如燃煤发电厂的一个重要特点是对燃料成本的严重依赖，这种依赖可能会迅速扩大。假设燃料成本可通过公式 $F_t = F_0(1+i)^t$ 近似计算，其中 i 为一个扩大比率；F_0 是年燃料在 $t=0$ 时的价格，其计算公式为

$$F_0 = 8760 \cdot P \cdot \mathrm{Lf} \cdot \frac{3600 \cdot \mathrm{FS}}{\eta} \tag{3.13}$$

式中，P 为净电功率；Lf 为负荷因子；η 为电厂的净热效率；FS 为 $t=0$ 时燃料的具体价格，可以将式(3.8)转换如下：

$$\mathrm{LUFC} = \frac{F_0}{P \cdot 8760 \cdot \mathrm{Lf}} \cdot \frac{\sum_{t=0}^{t_{\mathrm{END}}} \left(\frac{1+i}{1+r}\right)^t}{\sum_{t=0}^{t_{\mathrm{END}}} \frac{1}{(1+r)^t}} = \frac{3600 \cdot \mathrm{FS}}{\eta} \cdot \frac{\sum_{t=0}^{t_{\mathrm{END}}} \left(\frac{1+i}{1+r}\right)^t}{\sum_{t=0}^{t_{\mathrm{END}}} \frac{1}{(1+r)^t}} \tag{3.14}$$

式中，3600 是由焦耳转换成瓦特小时的转换因子；i 为年浮动率；其余的参数含义在前述公式中都已说明。η、FS、i、r、t_{END} 都是 NEST 的输入数据。

IRR 的计算采用反复迭代的方法，与化石燃料电厂的计算方法一致。NEST 将 IRR 的初始取值范围定在 0.005 和 0.5 之间。

NEST 中内置了 NPV 的计算，核电厂和化石燃料电厂的计算方法是一致的。

ROI 通常是由一项活动的净收益除以成本(隔夜总造价)，该参数的计算不需要折现。

$$\mathrm{ROI} = \frac{\mathrm{PUES} - \mathrm{O\&M} - \mathrm{FU}}{\mathrm{ONT}} \cdot 8760 \cdot \mathrm{Lf} \tag{3.15}$$

式中，ONT 为隔夜总造价，在式(3.1)中已经介绍过；Lf 为负荷因子；PUES 为电力销售价格。后两个参数是 NEST 的输入数据。

O&M 是不折现的运维成本，假设在电厂寿期是均匀分布的，因此 O&M 和计算 LUOM 的公式(3.7)中是一致的。

FU 由以下非折现公式定义，来源于式(3.8)和式(3.9)，当 $r=0$ 时：

$$\mathrm{FU} = \frac{\mathrm{FC}_1}{8760 \cdot \eta \cdot \delta \cdot \mathrm{Lf} \cdot t_{\mathrm{END}}} + \frac{\mathrm{FC}_{\mathrm{RE}}}{Q \cdot \eta} + \frac{\mathrm{SF}}{Q \cdot \eta} \tag{3.16}$$

$$\mathrm{FC} = \sum_{k=1}^{N_{\mathrm{stages}}} \left(\mathrm{SC}_k \cdot \mathrm{SN}_k \cdot \mathrm{HM}_k\right) \tag{3.17}$$

对化石燃料电厂，燃料成本 FU 的计算在式(3.14)中已经推导简化过，可利用式(3.18)计算化石燃料电厂的燃料成本。

$$\mathrm{FU} = \frac{3600 \cdot \mathrm{FS}}{\eta \cdot t_{\mathrm{END}}} \cdot \sum_{t=0}^{t_{\mathrm{END}}} (1+i)^t \tag{3.18}$$

总投资(INV)意味着在电厂试运行之前所需的投资，包括通常所说的隔夜总造价和建设期利息，隔夜投资应包括偶然预备费和业主费用。

$$\mathrm{INV} = (\mathrm{ONT} + \mathrm{IDC}) \cdot P \tag{3.19}$$

NEST 的输出数据主要包括平准化发电成本(LUEC)、内部收益率(IRR)、净现值(NPV)、投资回报率(ROI)以及总投资(INV)。NEST 的输出结果可作为 INPRO 经济评估的输入数据，据此判断经济评价指标是否满足用户要求，即在经济上是否可行。

4. *应用案例*

INPRO 在经济性领域的评估方法，已经在一些核能系统中得到了实践。在 IAEA-TECDOC-1716 中，以白俄罗斯计划修建的核能系统为例进行了经济评估，该核能系统由一个 AES-2006 型电站和相关的废物管理设施构成[2]。

经济性评估主要参数的输入数据如表 3.2 所示，包括 2 座 AES-2006 反应堆、4 座燃煤电厂和 6 座天然气电厂。

表 3.2 经济性评估主要参数的输入数据

编号	参数	单位	发电厂		
			核电	燃煤	天然气
1	输出电功率	MWe	2×1170	4×660	6×400
2	建造时间	年	6	4	3
3	电厂寿命	年	50	30	30
4	平均负荷因子		0.9	0.85	0.85
5	退役花费	mills/(kW·h)	1		
6	隔夜投资	美元/kW	4700	1175	755
7	建设期各年投资比例		0.020	0.15	0.3
			0.146	0.3	0.5
			0.220	0.3	0.2
			0.244	0.25	
			0.217		
			0.153		
8	贴现率	年$^{-1}$	0.1	0.1	0.1
9	售电价格	mills/(kW·h)	125	125	125
⋮	⋮	⋮	⋮	⋮	⋮

注：mills 为千分之一美元。

利用 NEST 经济性评估工具进行计算，计算结果如表 3.3 所示。

表 3.3 经济评价结果

参数	指标	单位	缩写	值
单位发电成本	核电厂	美分/(kW·h)	C_N	8.03
	燃煤发电厂	美分/(kW·h)	C_{A1}	9.56
	天然气发电厂	美分/(kW·h)	C_{A2}	8.79
内部收益率	核电厂		IRR_N	0.159
	燃煤发电厂		IRR_{A1}	0.216
	天然气发电厂		IRR_{A2}	0.602
投资回报率	核电厂		ROI_N	0.223
	燃煤发电厂		ROI_{A1}	0.200
	天然气发电厂		ROI_{A2}	0.131
总投资	核电厂	10^9 美元	INV_N	11610
	燃煤发电厂	10^9 美元	INV_{A1}	5724
	天然气发电厂	10^9 美元	INV_{A2}	1979

采用 INPRO 方法中的稳健性指标(RI)来评价发电成本计算的敏感性。计算时需改变核电厂和天然气发电厂的电厂寿命、平均负荷因子、投资成本、燃料费用和天然气价格增长率以及核电厂后端费用和核燃料燃耗，结果如表 3.4 所示。

表 3.4 稳健性指标计算结果

参数名称	核电厂的参数微扰值	天然气发电厂的参数微扰值	缩写	稳健性指标
电厂寿命	–5%	+5%	$RI_{lifetime}$	1.095
平均负荷因子	–5%	+5%	RI_{Lf}	1.051
隔夜费用	+5%	–5%	RI_{CI}	1.059
建造延时	1 年	–1 年	RI_{sch}	1.092
燃料费用	+5%	–5%(天然气价格)	RIU_{cost}	1.054
核电厂后端费用	+10%	–10%(天然气价格增长率)	$RIBE_{cost}$	1.056
核燃料燃耗	–5%	+5%(热效率)	RI_{burnup}	1.095

根据 INPRO 方法的要求，稳健性指标 RI≥1，表示经济性分析结果是可接受的。经济性评估如下：

1) UR1 能源成本

在考虑所有费用后，INS 的能源成本 C_N，与同时期、同地域可能获得的其他能源的成本 C_A 相比，应具有竞争力。

CR1.1 成本竞争力：$C_N \leqslant k \cdot C_A$

从计算结果表 3.3 可以看出，$C_N = 8.03$ 美分/(kW·h)，$C_{A1} = 9.56$ 美分/(kW·h)，$C_{A2} = 8.79$ 美分/(kW·h)，$k=1.0$。

评价结果：满足 CR1.1 的要求。

2) UR2 融资能力

INS 的设计、建造、调试所需的总投资，应能顺利募集。

CR2.1 投资吸引力：与同等规模的其他能源形式技术相比，财务指标应是相当的甚至更优的。

从表 3.3 计算结果可以看出，核电厂的 IRR(0.159) 小于另外两种电厂(分别为 0.216 和 0.602)，是不符合 CR2.1 要求的，这是核电厂的投资过大造成的。这说明对于单个投资者来说化石燃料电厂的吸引力更大，但对于政府来说这个 IRR 是可接受的。核电厂的 ROI=0.223，其他分别为 0.200 和 0.131。

评价结果：部分满足，但 IRR=0.159 对于本案例的所在国是可接受的。

CR2.2 投资限制：需要的总投资应当与给定市场条件下筹集资金的能力相符。

计算结果：超过了单个投资人的投资限制。

评价结果：本案例所在国政府需确保通过俄罗斯联邦信用渠道获得资金的能力，这样就可以满足 CR2.2 的要求。

UR2 的综合评价：没有完全满足 UR2 的准则，部分满足。总的来说，该核电项目对政府没有足够的投资吸引力。

3) UR3 投资风险

创新型核能系统的投资风险应当是投资者可接受的。

CR3.1 设计成熟度：采用的堆型为 VVER1000(AES-2006)，在白俄罗斯为首堆，而且在技术开发国俄罗斯也没有运行经验，所以不满足 CR3.1 的要求。

CR3.2 建造进度：要求有证据表明经济分析所使用的项目建造、试运行进度是现实的。由于 VVER 1000(AES-2006) 型电站在评估时并没有完成，所以不完全满足 CR3.2 的要求。

CR3.3 输入参数的敏感性：要求 RI≥1。

根据计算结果，RI 的计算值都大于 1，完全满足 CR3.3 的要求。

CR3.4 政治环境：对核能长期支持。

根据所在国政府的情况，满足 CR3.4 的要求。

UR3 的综合评价：根据以上的评价结果，该核电项目只能部分满足 UR3 的要求。

4) UR4 灵活性

创新型核能系统应具有满足不同市场需求的灵活性。

评价结果并未提及是否满足 UR4 的要求。

INPRO 方法经济性评估的整体结论是，白俄罗斯计划建造的核电项目具有竞争力。考虑到能源战略需要，对比其他的能源工程，投资核电项目对白俄罗斯政府具有很强的经济吸引力。对核能投资相关的风险进行评价之后可以得到如下结论：白俄罗斯政府具有很强的发展核能的意愿和承诺，这对核电工程的成功至关重要。AES-2006 型电站的经济性分析结果具有很好的稳健性，尤其是单位发电成本。仅 AES-2006 型电站的成熟度具有一定的风险。评估表明缺少该反应堆设计的运行经验，但是该型号已经获得许可，正在技术开发国进行建造；由于 AES-2006 型电站的设计者丰富的设计经验，可以预见该核电厂良好的运行表现。因此，白俄罗斯计划的核能系统基本满足 INPRO 方法的经济性要求(该项评估工作于 2013 年完成)。

3.1.2 GIF 评估方法——经济领域

1. 概述

GIF 技术路线图中为第四代核能系统设置了 4 大领域和 8 大目标，对应 15 个准则和 24 个具体指标。经济领域作为 4 大领域之一，两个目标分别是比其他能源具有寿期成本优势，具有与其他能源项目相当的财务风险水平。为了开发建立适用于 GIF 推荐的 6 种第四代堆型经济目标评估的方法学，GIF 专门成立了经济建模工作组(Economic Modeling Working Group，EMWG)。

2. 评估指标

GIF 方法经济领域包含 2 个目标、5 个准则、5 个具体指标，具体见表 3.5。

表 3.5 GIF 经济领域目标、准则、指标汇总表[3]

目标领域	目标		准则		具体指标
经济	EC1	寿期成本	EC1-1	隔夜建设成本	隔夜建设成本
			EC1-2	生产成本	生产成本
			EC1-3	建设周期	建设周期
	EC2	资本风险	EC2-1	隔夜建设成本	隔夜建设成本
			EC2-2	建设周期	建设周期

经济目标 EC1 寿期成本具体指：第四代核能系统寿期成本优于其他能源(即在其寿期内能源平准化单位成本较低)。

经济目标 EC2 资本风险具体指：第四代核能系统财务风险与其他能源项目具有可比性(即具有相当的总资本投资和资本风险)。

经济竞争力对第四代核能系统至关重要。当前，核电厂通常作为基荷能源，由受到政府监管的公有或私人企业运营，但随着世界范围内电力市场化进程的推进，私人运营商的数量将会增加。在这一背景下，核电厂将越来越广泛地承担调峰或小容量供电的责任，它们也将在未来承担更广泛的能源需求，如制氢、供热、区域供暖、海水淡化等。从这个角度而言，GIF 的经济目标是为了保证四代核能系统面对多变的能源需求时依然保持竞争力。

隔夜建设成本 EC1-1、EC2-1 是基础建设成本加上业主成本、预备费和首炉核燃料费，不考虑时间价值成本，因而被形象地称为隔夜成本(好像核电厂是“一夜之间”建成的，没有利息的累积)。隔夜总成本以基准年的货币表示为一个不变价格。与常规的核电厂估算不同，调试费和首炉核燃料费被包含在隔夜成本中。燃料前端成本合并计算后再计算建设期利息这一方法，简化了LUEC的计算。

生产成本EC1-2是电站生产出能源产品(包括电力、制氢、供热、海水淡化等)所需要的所有成本，包括建设成本、经营成本、燃料成本等。

建设周期EC1-3、EC2-2通常以月作为计算单位，从项目开工计算至正式商运，是计算建设期利息的主要输入参数。

3. 计算方法介绍

四代堆/先进堆需要一套新型工具来完成财务评价，因为他们的设计特征与现役第二代、第三代核反应堆有很大区别。为实现这一目标，四代堆经济建模工作组需开发一个综合模型。要对不同堆型的经济性进行比较，并保证经济评价在不同堆型之间的延续性，经济评价模型的基本假设和参数对所有堆型应该都适用且具有延续性。对于四代堆来说，这一目标是困难的，因为四代堆与二代、三代堆型之间有着不同的设计基础、生产流程、研发成本以及部署路径。为此，GIF经济建模工作组开发了G4-ECONS软件用于经济模型搭建及计算。

1) 一体化核能经济模型的流程图

图3.1展示了经济建模工作组创建的经济模型的整体结构[4]，包括四个部分：施工/生产、燃料循环、能源产品以及模块化。图3.2展示了用于计算施工/生产成本的模型结构。图3.3展示了铀基燃料循环模型结构和逻辑。

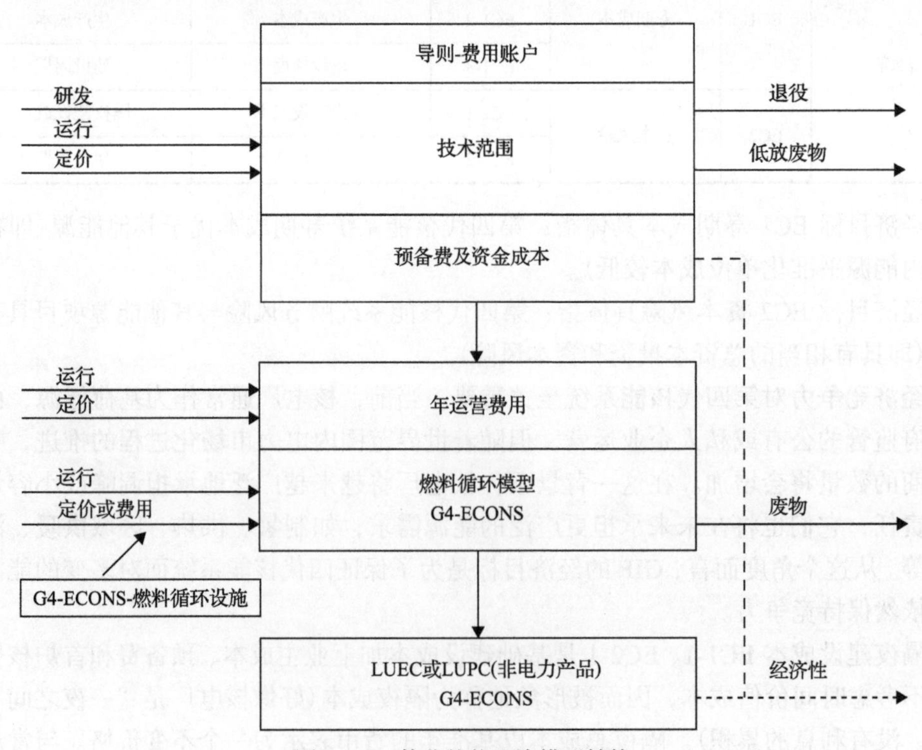

图3.1 一体化核能经济模型结构

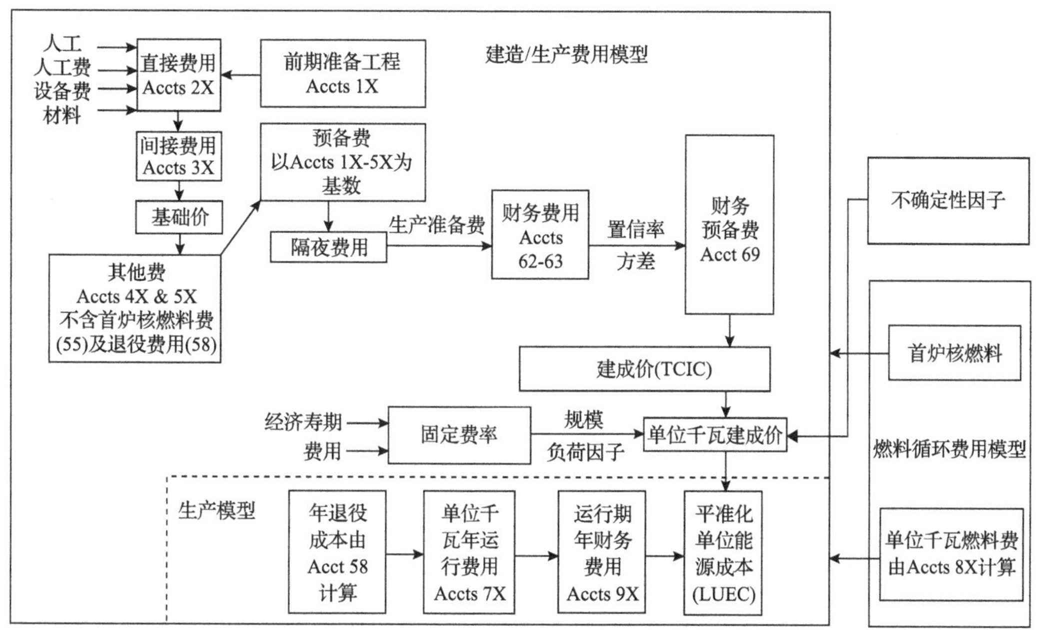

图 3.2 施工/生产成本模型结构与逻辑

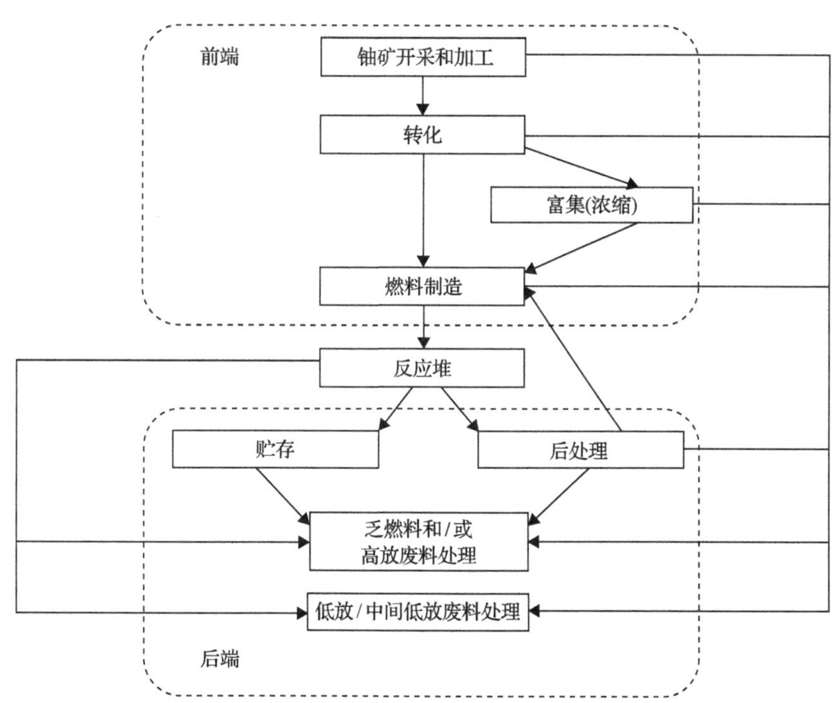

图 3.3 铀基燃料循环模型结构与逻辑

计算平准化单位能源成本(LUEC)时，预备费分为三部分：第一部分主要考虑按基准日期估计的成本与实际施工成本之间的不确定性；第二部分主要考虑建设期利息的不确定性，即主要用于施工进度不确定造成的成本影响；第三部分考虑了电厂出力的不确定性，通过负荷因子来衡量。

评估四代堆经济性的模型不能局限于费用科目体系中的总体费用科目(两位数账户编码深度)，或者仅基于经济评价重要指标的计算公式，要完成模型的估算需要有更多、更详细的成本估算信息，其完整性由堆型研发团队负责。估算可以通过两种路径进行，即自上而下，或自下而上，这取决于堆型的成熟度以及团队的人员构成等。

2) 自下而上成本估算

这是核设施成本估算的传统方法。这种估算包含十分详细的科目，如设备清单，从图纸或者三维设计模型里提取的工程量，再考虑设备、材料单价和人工效率以及生产效率，并按账户系统规定的费用科目进行归类求和计算直接费用。依据项目的执行计划详细估算现场间接费用，然后结合施工进度对现场间接费用按时间节点进行分解。自下而上的成本估算工作量较大，即使是在堆型概念设计阶段，这一过程需要至少十几名设计专业人员和技术经济专业人员。

相关人员需要对成千上万条详细的费用科目以及施工过程进行分解细化，其中费用科目要按 GIF 账户系统 COA 的全部编码进行归类，至少要细化到三位数或四位数的账户编码深度；施工活动要遵照 COA 的账户划分以及项目的施工进度，进一步被分解细化为 WBS(work breakdown structure)。一般来讲，项目的施工进度被划分得非常详细，需要专业的软件来实现。

用于经济模型时，估算过程中深度从 3 位到 6 位编码的 COA 账户条目需要按照规定进行整合求和，最终合并至两位编码深度的 COA 账户。可以看出，自下而上的估算方法需要有详细的数据支撑，如人工单价、安装速度、施工耗费工时、厂址要求等。

3) 自上而下成本估算

在堆型的研发早期，设计、研发和费用估算人员较少，资源有限。首要任务是研究一个有较多相似之处且具备详细成本估算资料的参考堆型，才可以采用自上而下的成本估算方法。这一阶段的成本估算主要是依据目标堆型与参考堆型类似系统和设备的规模差异分析，并通过调增或调减其相应的费用来进行估算。例如，要估算超高温气冷堆的成本，首先考虑选择一个具备详细成本估算资料的高温气冷堆，通过调整二者设计类似之处如反应堆相关设备等的规模差异，实现成本估算。

间接费用和附加费用通常通过标准化系数或公式进行计算。比如，根据以往经验，设计费按施工费的固定比例进行计算。然而，没有一套公式能放之四海而皆准，不同堆型采用的公式因设备设计特征不同而有差异，需要设计人员和技经人员一起研究。目前有一些国家，包括阿根廷、加拿大和法国，采用自上而下方法用于先进堆型的成本估算。

4) 成本估算与设计流程的融合

早期主要采用自下而上的成本估算方法来计算主要的成本评估指标。反应堆的研发设计通常在详细的成本估算流程启动前就已经基本完成并固化。反应堆堆芯物理、热工水力、安全边界和其他因素都通过人工整合在设计中，通常采用价值工程对设计流程进行指导，然而却很少能够将成本估算模型和算法与设计工具整合到一起。可以认为，在正式的自下而上成本估算流程启动前，设计团队基本很少考虑成本。

现在有了新的计算和数据管理工具，可将成本估算直接整合在设计流程中，在设计过程中就可得出平准化单位能源成本(LUEC)以及单位千瓦投资潜在的最优结果。对于一代、二代、三代反应堆设计，这一过程是无法轻易实现的，在四代堆设计中则可能实现这一点。

如今已经将反应堆设计工具与一体化优化工具共同用于反应堆设计，采用成本估算导则已研究得出一些具体的规模调整公式，并用来计算成本重要指标，如 LUEC。此外，可以采用成本估算导则中得出的这些公式来计算单位建成价成本以及运维和燃料模块中的可变成本。例如，美国原子蒸汽激光同位素分离试验以及先进气体离心富集试验，已经将一体化优化工具用于经济可行性研究中。如果将一体化优化工具与单因素或多因素敏感性分析软件建立连接通道，则有利于研发、验证与实施程序识别性能和成本参数中对单位成本影响最敏感的部分，进而在研发验证程序过程中对这些敏感因素进行优先考虑。

4. 应用案例

采用经济建模工作组开发的经济评价方法，对处于概念设计阶段的加拿大超临界水堆(SCWR)进行了“自上而下”的经济评价[5]。评价方法建立了两个重要指标：单位千瓦建成价(TCIC)和平准化单位能源成本(LUEC)。

超临界水堆的主要优势在于：在同样的热功率下，通过提高核电厂的热效率及电厂的发电量来降低单位建设成本和单位运行成本，达到降低单位能源成本的目的。评价小组完成了加拿大超临界水堆和现有三代堆的经济竞争性的对比，实现了对加拿大超临界水堆的经济性评价。评价的主要结果如下：

1) 单位千瓦建成价

单位千瓦建成价(TCIC)是 GIF 定义的用来衡量四代堆经济可行性的度量指标之一。TCIC 将基础价费用、建设周期、建设期贷款利率考虑在内，用来衡量核电厂的融资风险。建设期贷款利率为 5%，利率水平反映了融资环境，利用 G4-ECONS 评价方法计算的加拿大超临界水堆的单位千瓦建成价 TCIC 为 3863 美元/kWe。

2) 平准化单位能源成本

平准化单位能源成本 LUEC 是 GIF 定义的另一个衡量四代堆经济可行性的度量指标，用来衡量核电厂全寿期成本。

G4-ECONS 通过 5 个单独的变量相加来计算 LUEC，见表 3.6。

表 3.6　参考堆型先进沸水堆和加拿大超临界水冷堆 LUEC 对比

LUEC	参考堆型先进沸水堆(2007年)/百万美元	加拿大超临界水冷堆(2007年)/百万美元
建设成本(考虑融资)	24.06	25.89
运维成本	9.07	10.55
燃料循环成本(前端)	3.35	6.87
燃料循环成本(后端)	2.04	7.87
退役	0.27	0.29
合计	38.79	51.47

与参考堆型先进沸水堆相比，目标堆型加拿大超临界水堆 LUEC 更高，主要归因于以下三点：

(1)参考堆型先进沸水堆的建设成本被低估了。

(2)加拿大超临界水堆的净输出电功率比参考堆型先进沸水堆的小 194MWe，然而，评价过程中假设总运维成本相同，因此，加拿大超临界水冷堆的单位运维成本更高。

(3)加拿大超临界水冷堆将钚作为燃料中可裂变成分，因此需要通过后处理从乏燃料中提取钚。导致在燃料循环后端增加额外成本，即目标堆型燃料成本后端要比参考堆型高出近 5 美元/(MW·h)，且未考虑因后处理导致最终处置成本的降低带来的效益。

将加拿大超临界水冷堆 LUEC 与北美其他反应堆型进行比较，见表 3.7，与很多三代堆相比还是很有竞争力的。

表 3.7　不同反应堆型 LUEC 估算

反应堆技术	LUEC/[美元/(MW·h)]	货币基准	折算至美元(2014年)/美元
加拿大超临界水冷堆	51.40	美元(2007年)	58.69
参考堆型先进沸水堆	38.78	美元(2007年)	44.44
达林顿项目(翻新后)	79.00	加元(2013年)	80.29
世界核协会数据-OECD 欧洲	50.00～82.00	美元(2010年)	54.29～89.04
世界核协会数据-美国	49.00	美元(2010年)	53.21
世界能源委员会数据	91.00～147.00	美元(2012年)	93.80～151.60

虽然在这一评价过程中存在较多的局限性，如参考堆型先进沸水堆的设计和造价数据较早，与近期的反应堆有较大差别，以及其他的不确定性等，但考虑目标堆型尚处于较早的研发阶段，G4-ECONS 工具对案例给出了一个比较实用的评价方法，以供技术经济人员进行参考。

鉴于研发阶段堆型的不确定因素较多，在评价过程中对多个边界条件或输入参数进行了敏感性分析，便于在堆型的研发早期对堆型设计进行干预，以便于投资方、业主、承包方等共同努力，提出提高经济性、优化堆型设计和建造的措施。

3.1.3 其他经济评估方法

在国际领域，除了 INPRO 评估方法和 GIF 评估方法，主要的经济评估方法有美国 DOE 的技术审查实践、IAEA KIND 关键指标评估方法等。

DOE 组建了技术审查小组(Technical Review Panel，TRP)，从安全、安保、资源利用及废物最小化、运行能力、技术成熟度、燃料和基础建设的考虑、市场吸引力、经济性、评审取证、非增殖、研发需求等十一个方面，对新研发的堆型进行综合的评估[6]。DOE 向各研发单位发出信息需求表，由各研发单位将各自堆型的信息填到表中，提交上去。然后由技术审查小组的专家根据各堆型的描述信息，依据专家经验进行定性的评估。经济学方面的信息涉及反应堆概念的经济因素，如建造、制造、运行成本和不确定性，由此产生的电力成本，以及可能生产的其他产品(如氢气)的价值(如果有的话)。

在 2011 年底，DOE NE 制定了一项关于核燃料循环方案评估和筛选的研究，从采矿到处置的整个燃料循环，包括一次通过循环和闭式燃料循环，以确定与美国当前的核燃料循环相比取得了实质性进步、相对较少的有希望的燃料循环选择。DOE 指定了 9 个评估准则，同时，为每个准则定义度量权重的范围，为多个准则情景制定准则权重。评估准则第 9 条是财务风险与经济性，是针对经济性评估的准则，该准则从指标量化结构的形成、计算工具的提出、处理不确定性的方法三方面入手，构建财务风险和经济标准指标。其核心评估指标为达到平衡时的平准化发电成本(LCAE)，LCAE 的概念和计算公式与 INPRO 和 GIF 方法推荐的 LUEC 指标概念和内涵一致，基本的计算流程也相同。但是，在计算 LCAE 时，需要考虑燃料循环的起始和终点状态。除此之外，对于核燃料循环系统的研究、开发和部署的经济风险和利益的评价需要单独开展，并未列入评估准则第 9 条，而是计入评估准则第 7 条：开发和部署风险准则(对各种成本和风险都需要进行评价)。

INPRO KIND 关键指标评估方法是 INPRO 合作项目基于多目标、多属性值理论(MAVT)提出的。KIND 合作项目提出了针对多个创新型核能技术的现状、前景、优势和风险进行比较评估的导则和工具，并提出了关键性能指标。关键性能指标分为经济性、废物管理、防核扩散、安全、技术成熟度 5 个领域共 15 个关键指标(KI)和 15 个次要指标(SI)。经济性相关指标如表 3.8 所示，关键指标包括单位能源产品或服务成本、

表 3.8 INPRO KIND 经济性相关指标

评估领域	指标类型	指标名称	缩写
经济性	关键指标	单位能源产品或服务成本	E.1
		研发成本	E.2
	次要指标	隔夜建成的资金成本	SE.1
		非电力服务和能源产品的灵活性	SE.2
		负荷因子	SE.3

研发成本，次要指标包括隔夜建成的资金成本、非电力服务和能源产品的灵活性、负荷因子。KIND合作项目提出的评估方法便于对创新型堆型进行比较性评估，来比较其状态、前景、经济性和风险等。该方法具有较强的灵活性，用户可以根据具体情况很容易地对评估模型进行适应性调整。

3.2 中国先进堆型综合评估方法——经济领域

3.2.1 国内核电厂通用经济评估方法

1. 概述

当前，国内核电厂经济评价依照国家能源局发布的《核电厂建设项目经济评价方法》(NB/T 20048—2011)开展相关工作。该方法立足于国家发展和改革委员会、建设部于2006年发布的《建设项目经济评价方法与参数》(第三版)，统一了核电厂建设项目经济评价的内容、深度和要求，规定了经济评价的方法与参数，适用于压水堆核电厂建设项目经济评价。经济评价工作主要包括财务评价和经济费用效益分析两部分内容，在实际工作中多以财务评价为主。

国内核电厂财务评价是在国家现行财税制度和价格体系的前提下，从项目的角度计算项目范围内的财务效益和费用，在保证成本回收、履约还贷、合法纳税的基础上，分析项目的盈利能力、偿债能力和财务生存能力，计算各项财务评价指标，并进行不确定性分析和风险分析，最后对项目的经济性做出合理的分析与评价。

2. 财务评价的方法与参数

财务评价工作首先要确定项目的基础价，之后通过计算价差预备费、建设期财务费用、铺底流动资金等，估算出项目的固定价、建成价及计划总资金，作为后续测算的基础。结合目前国内商用核电厂财务评价工作的实践经验，通常可采用以下两种评价方法：

一是输入收益率，测算电价。在给定资本金投资回报率的前提下测算经营期内的平均上网电价，通过调整单一电价计算出每年可供投资方进行分配的股利，直至投资回报率达到投资方的要求。计算得出上网电价后，与项目所在地的核电标杆电价进行比较，以此判断项目的经济可行性。

二是输入电价，测算收益率。在整个经营期内采用给定的单一电价，通过测算出每年的利润及可供分配的利润，从而进一步测算出项目的投资回报率。计算得出资本金的内部收益率后，与投资方要求的收益率相比较，若高于投资方要求，则项目经济性可行，反之则不可行。

财务分析计算公式如下：

$$\sum_{t=1}^{n}\left(\mathrm{CI}_t-\mathrm{CO}_t\right)\times\left(1+\mathrm{FIRR}\right)^{-t}=0 \tag{3.20}$$

式中，CI_t为 t 年的现金流入量；CO_t为 t 年的现金流出量；n 为项目计算期；FIRR 为财务内部收益率。

两种方法略有差异，但本质上并无差别，其主要环节均为确定财务评价输入参数——编制总成本费用计算表、编制损益表、编制各类现金流量表，其中确定财务评价输入参数是开展财务评价工作的重要环节。财务评价参数按照参数性质不同可分为电站总体参数、投资估算输入参数、评价基准和资本市场参数、成本参数、财税参数五大类。

1) 电站总体参数

电站总体参数主要包括电站额定功率、厂用电率、年利用小时数、机组开工日期、建设工期、电站运营期等，这类参数由设计人员提供。

2) 投资估算输入参数

投资估算输入参数主要包括项目基础价投资、项目资本金比例、项目基础价基准日期、项目的投资流、外币汇率，这类参数主要来自项目的投资估算结果。

3) 评价基准和资本市场参数

评价基准和资本市场参数主要包括贴现率、人民币年浮动率、外币年浮动率、人民币贷款利率、外币贷款利率、人民币贷款还款年限、外币贷款还款年限、流动资金贷款利率、流动资金贷款还款年限。

4) 成本参数

成本参数主要包括年折旧率、摊销年限、大修费费率、电厂定员、人均年工资总额、年福利费费率、消耗性材料费、年燃料费、核燃料后处理费和退役费用、其他费用，成本参数的确定可参考《核电厂建设项目经济评价方法》(NB/T 20048—2011)中的赋值和计算方法，也可以根据具体项目情况分析列项。

5) 财税参数

财税参数主要包括增值税税率、城市维护建设税税率、教育费附加费率、所得税税率、公积金提取比率、公益金提取比率，这类参数可根据税法及相关规定确定。

3. 不确定性分析与风险分析方法

不确定性分析指分析不确定性因素变化对财务指标的影响，主要包括盈亏平衡分析和敏感性分析。盈亏平衡分析根据项目正常生产年份的产量、固定成本、可变成本、税金等，计算盈亏平衡点，分析项目成本与收入之间的平衡关系，当项目收入等于总成本费用时，正好盈亏平衡。盈亏平衡点越低，表示项目适应产品变化的能力越大，抗风险能力越强。敏感性分析是通过分析、预测影响项目经济性的各个主要因素发生变化时项目主要经济评价指标的变化趋势和变动范围，确定需要重点应对和防范的敏感因素，一般只针对负荷因子、投资回报率、基础价总投资等主要影响因素进行单因素敏感性分析。

风险分析通过识别风险因素，估计各项风险因素发生变化的可能性，以及这些变化对项目的影响程度，揭示影响项目的关键风险因素，提出项目风险的预警、预报和相应的对策。通过风险分析的信息反馈，改进或优化设计方案，降低项目风险。目前，可以考虑的主要风险分析内容包括：从上网电量方面进行项目收益风险分析，从设备材料供应、物价水平等方面进行工程建设风险分析，从工期延长等方面进行工期风险分析，从资金来源、供应量、供应时间等方面进行融资风险分析，从燃料价格方面进行运营成本风险分析，从税率、利率、汇率及通货膨胀率等方面进行政策风险分析。

3.2.2 国内外先进堆型经济评估方法比较分析

将国外先进堆型经济性评估方法进行对比，如表 3.9 所示。

表 3.9 国外先进堆型经济性评估方法对比表

<table>
<tr><th>INPRO 评估方法</th><th colspan="2">GIF 评估方法</th><th>DOE 评估方法</th><th>INPRO KIND 方法</th></tr>
<tr><td>UR1：能源成本
在考虑所有费用后，INS 的能源成本 C_N，与同时期、同地域可能获得的其他能源的成本 C_A 相比，应具有竞争力</td><td rowspan="3">寿期成本</td><td>隔夜建设成本</td><td rowspan="6">经济学这一类的信息涉及反应堆概念的经济因素，如建造、制造、运行成本和不确定性，由此产生的电力成本，以及可能生产的其他产品（如氢气）的价值（如有）</td><td>单位能源产品或服务成本</td></tr>
<tr><td rowspan="2">UR2：融资能力
INS 的设计、建造、调试所需要的总投资，应能顺利募集</td><td>生产成本</td><td rowspan="2">研发成本</td></tr>
<tr><td>建设周期</td></tr>
<tr><td>UR3：投资风险
创新型核能系统的投资风险应当是投资者可接受的</td><td rowspan="3">资本风险</td><td>隔夜建设成本</td><td>隔夜建成的资金成本</td></tr>
<tr><td rowspan="2">UR4：灵活性
创新型核能系统应有满足不同的市场需求的灵活性</td><td rowspan="2">建设周期</td><td>非电力服务和能源产品的灵活性</td></tr>
<tr><td>负荷因子</td></tr>
</table>

从表 3.9 对比来看，国外各评估方法都包含产品成本和风险分析。平准化发电成本指标是各方的共识，各类评估方法的该指标计算虽在细节上略有差别，但都包含平准化投资成本、平准化运维成本和平准化燃料成本。

国内经济性评价的主要内容是财务分析、不确定性分析和风险分析。财务分析主要指标是上网电价，通常采用给定内部收益率测算电价的方法，计算公式如下：

$$P=\sum_{t=1}^{n}\mathrm{CO}_t\times(1+\mathrm{FIRR})^{-t}\Big/\sum_{t=1}^{n}Q_t \tag{3.21}$$

式中，P 为上网电价，元/(kW·h)；Q_t 为第 t 年的上网电量，kW·h；FIRR 为财务内部收益率；CO_t 为第 t 年与项目资本金有关的现金流出量，包含投资成本、运维成本、燃料成本，还包含所得税、城建税和教育费附加。目前国内核电厂通常享受增值税返还政策，视为现金流入。

上网电价的计算与平准化发电成本的计算，其内涵接近，评估方法的方向是一致的。不同之处在于平准化电价更多考虑了成本与发电量的折现因素，因此两者的成本构成接近，但各类成本的权重不同。

3.2.3 国内先进堆型经济评估方法及案例

从前面的比较分析来看，国内外在经济评估具体指标选取上虽然不完全一致，但存在较大的共性：均关注产品成本、投资成本和风险分析。

产品成本可以按平准化成本和上网电价这两种指标进行计算，其中上网电价是国内核电项目比较适用的方法，同时与国内财务和税法关系紧密，各类参数的选取关联了国内法规标准；从国内外核电技术对比、核电技术与其他能源形式对比分析的角度，采用平准化发电成本更合适。因此，在中国先进堆型综合评估方法的经济领域，产品成本采用平准化发电成本指标。

投资成本和机组功率紧密相关，采用单位建设成本作为投资成本的指标。

综上，从实操层面考虑，选择平准化发电成本、单位建设成本和风险可控性作为中国先进堆型经济评估方法的主要分析指标。

1. 评估指标

通过分析国内外各类先进堆型经济性评价方法，国内先进堆型经济评估列出了 3 个关键指标，分别是平准化发电成本、单位建设成本、风险可控性，见表 3.10。

表 3.10 国内先进堆型经济评估指标

序号	评估指标	指标权重（在本领域内）/%	指标说明	指标打分规则
1	平准化发电成本	50	电厂在经济评价期内的平准化发电成本。该成本需要通过预测建设成本、燃料成本、运维成本进行计算。在项目较早阶段虽然无法给出确定的建设成本，但一方面确定设计目标时应受到建设投资的制约，另一方面可以基于类似技术的案例通过调整取得。燃料成本应通过燃料设计特点进行预计，运维成本也可以通过在成熟电厂的成本上进行调整测算获取。虽然这样的结果较为粗糙，但确实是初期阶段进行经济性预测的重要途径	该值高低即说明经济性优劣。 指标理想目标值可以是市场中其他发电技术的平准化发电成本。 对于创新技术，可适当放宽条件。 实际上，不必局限指标和目标值的对比关系，更需要关注的是机型之间的指标对比关系
2	单位建设成本	30	建设电厂的全部支出（折算至单位千瓦）。计算发电成本中的关键要素是建设成本，因此给出建设成本的计算过程及结构，是判断建设成本和发电成本合理性的重要衡量	该值高低即说明经济性优劣。 该指标不必给出理想目标值，其更多的意义是通过不同发电技术之间的对比衡量融资难度，也通过单位建设成本和功率预计需要的资金额度。单位建设成本更高、资金额度更大的技术在项目启动时融资困难更大，面临更大的实施挑战

续表

序号	评估指标	指标权重（在本领域内）/%	指标说明	指标打分规则
3	风险可控性	20	定性和定量衡量核电投资风险。包括风险发生的可能性和风险发生对投资效益的影响程度	投资风险是否可控和能被接受，是经济性优劣的评判依据。风险发生对效益的影响可通过针对平准化成本和建设投资开展单因素或多因素敏感性分析定量测算。但风险的高低需要设计者以及相关单位对技术成熟度、建设周期合理性、市场条件、政策环境等方面开展大量分析判断，属于定性分析和定量分析相结合

核电平准化发电成本体现核电厂全寿期经济性，是最重要的评估指标，因此该权重定为50%。

核电建设成本是平准化成本的重要构成部分，投资越大平准化投资成本越高，通常平准化投资成本占平准化发电成本 50%以上。同时，建设成本也较大程度影响项目的投资决策，对资金筹措有重要影响。因此单位建设成本权重定为30%。

投资风险的高低是衡量经济性的另一个因素，是衡量经济效益的补充。投资风险往往与效益直接相关，单纯的计算效益难以全面表明经济性。衡量风险主要通过两方面实现：一是风险发生的可能性；二是风险发生后对效益或成本的影响程度。风险可控性权重定为20%。

三个指标相辅相成，其中平准化成本是关键指标，单位建设成本和风险可控性是辅助指标，这是设计权重的出发点。

平准化发电成本、单位建设成本属于定量指标，可直接计算得到。由于计算单位建设成本所需参数在计算平准化发电成本时均要用到，因此重点对计算平准化发电成本所需参数进行分析。

平准化发电成本是在电厂寿期内，等同于使收入贴现后的现值总和与成本贴现后的现值总和相等的电价。其计算公式(3.22)为

$$C=\frac{\sum_{t=t_{\mathrm{START}}}^{t_{\mathrm{END}}}\frac{\mathrm{CI}_t+\mathrm{O\&M}_t+F_t}{(1+r)^t}}{\sum_{t=t_{\mathrm{START}}}^{t_{\mathrm{END}}}\frac{P_t\cdot 8760\cdot \mathrm{Lf}_t}{(1+r)^t}} \tag{3.22}$$

式中，CI_t为第 t 年资金的建设成本；$\mathrm{O\&M}_t$为第 t 年的运维成本(包含退役基金)；F_t为第 t 年的燃料成本；t_{START}为建设起始时间；t_{END}为项目结束时间；P_t为第 t 年净电功率；Lf_t为每年的负荷因子；r 为贴现率。

公式(3.22)中，根据设计方案可直接获得的参数有：建设起始时间、第 t 年净电功

率、每年的负荷因子。项目结束时间主要根据核电厂建设时间和寿期确定。贴现率则可根据实际情况设定，具有一定的主观性。

建设成本、运维成本、燃料成本，需要根据设计方案进行相应计算得到。

建设成本包括工程基础价、价差预备费、建设期利息、运行期融资成本等。工程基础价主要包括建筑安装工程费、设备购置费、工程其他费用、基本预备费。

其中，建筑安装工程费和设备购置费的计算，需确定工程量、选择合理单价。确定工程量需要的资料包括土建初步建模、系统手册、子项清单、主要设备材料清单、大宗材料清单等，从而计算核电厂的主要工程量，如设备数量、管道、电缆长度等；选择合理单价主要通过市场询价、参考信息价或同类机型相关费用等。

工程其他费用的计算，主要可参考《核电厂建设项目工程其他费用编制规定》(NB/T 20025—2010)。

建设期利息和运行期融资成本的计算，主要与项目的融资方案有关。需要的输入有项目的资金来源及筹措方案、还贷方案及贷款利率等信息。此外需提供的总体参数还有额定热功率、额定电功率、设计寿期、电厂定员、负荷因子、建造时间和周期等。

运维成本的计算包含修理费、工资及福利费、保险费、其他费用、材料费、水费、中低放废物处理处置费、核应急费、退役基金等。为了计算这些费用，还需要了解核电厂的运行特性，关注运行方案、大修方案等。

燃料成本的计算，需明确燃料管理方案，掌握首循环堆芯布置和后续平衡循环换料方案和相关基本参数，如燃料类型、铀装量、燃料组件数量、富集度、换料周期、寿期长度、平衡燃耗等。除此以外，还需根据燃料生产过程和市场情况确定燃料单价。

对于投资风险的考量，主要来源于评估平准化发电成本和单位建成价的费用水平变化是否可接受，影响这两个指标变化的主要因素有技术成熟度、建设周期合理性、市场条件、政策环境、负荷因子等。评估时，通常在原设计参数和费用估算的水平上考虑一定变化幅度，并评估相应的变化时对经济指标的影响。

2. 经济评估案例

依照前述的评价指标和方法，国内某先进堆型设计方案的主要输入参数见表 3.11～表 3.13。

表 3.11 单位建设成本所需主要参数与评估结果

<table>
<tr><th>评估指标</th><th>输入参数</th><th>参数来源</th><th>参数值</th><th>评估结果</th></tr>
<tr><td rowspan="4">单位建设成本(30%)</td><td>设备工程量</td><td>系统手册、主要设备材料清单</td><td rowspan="4">根据目前方案，暂定基准方案单位千瓦建成价为 13300～14600 元/kW(不含首炉燃料费)</td><td rowspan="4">单位建设成本，暂定分值 8.0 分</td></tr>
<tr><td>相关设备价格</td><td>合同、询价及信息价</td></tr>
<tr><td>大宗材料工程量(管道、电缆等)</td><td>大宗材料清单等</td></tr>
<tr><td>材料价格(管道、电缆等)</td><td>类似工程造价指标或信息价</td></tr>
</table>

续表

评估指标	输入参数	参数来源	参数值	评估结果
单位建设成本（30%）	土建专业混凝土工程量	参考初步建模结果	根据目前方案，暂定基准方案单位千瓦建成价为 13300～14600 元/kW（不含首炉燃料费）	单位建设成本，暂定分值 8.0 分
	厂房结构等信息	参考相关设计方案		
	其他费用	建设方提资、《核电厂建设项目工程其他费用编制规定》（NB/T 20025—2010）、《核电厂建设项目建设预算编制方法》（NB/T 2024—2010）等标准		

表 3.12 平准化发电成本与评估结果

指标	输入参数	来源	参数值	评估结果
平准化发电成本（50%）	建设成本	来自表 3.11 数据	经测算，平准化成本为 0.146 元/（kW · h）	平准化成本总成本为 0.243 元/（kW · h）（贴现率为 7%），暂定分值 7.5 分
	首炉装料方案和换料方案及后处理方案	相关方案设计报告	依据换料方案和每次换料费用测算燃料平准化成本为 0.051 元/（kW · h）	
	燃料单价	根据换料方案及市场价格进行计算		
	运行维护方案	相关方案设计报告	暂估该项费用年费用 0.046 元/（kW · h）	
	贴现率	LPR、融资方案、期望收益率	暂定 7%	

表 3.13 投资风险可控制与评估结果

指标	输入参数	来源	参数值	评估结果
风险可控性（20%）	单位建成价投资风险	设计方案变化及设备采购价格发生较大波动等因素	敏感系数为 0.52	暂定分值 7.0 分
	燃料费用风险	燃料设计方案发生变化或燃料价格发生巨大波动	敏感系数为 0.44	
	负荷因子风险	设计或运行等出现影响负荷因子发生变化的情况	敏感系数为 1	

依照相关评分结果，可得最终评分为：单位建设成本 8.0 分；平准化发电成本 7.5 分；风险可控性 7.0 分；总分：8.0×30% + 7.5×50% + 7×20% = 7.55 分。

目前测算的参数值是全球首堆（FOAK）预估值，未来随着设计优化和规模化生产，预估平准化电价会有所降低，经济性将具有进一步的优势。

3.3 小 结

在国际领域的先进堆型的评估方法主要有 INPRO 评估方法、GIF 评估方法、美国 DOE 的技术审查实践、INPRO KIND 关键指标评估方法等，其中 INPRO 评估方法和

GIF 评估方法具备较强的可参考性。综合考虑国内现行核电厂经济评价方法并参考了国外相关评估方法，确定了平准化发电成本、单位建设成本、风险可控性三个方面作为中国先进堆型综合评估方法中经济评价的关键指标。通过对比可以看出，当前的经济评估指标在实操中是可行的。

参考文献

[1] International Atomic Energy Agency. INPRO methodology for sustainability assessment of nuclear energy systems: Economics. IAEA Nuclear Energy Series No. NG-T-4.4. IAEA, Vienna , 2014.

[2] International Atomic Energy Agency. INPRO assessment of the planned nuclear energy system of belarus, A report of the international project on Innovative Nuclear Reactors and Fuel Cycles (INPRO), IAEA-TECDOC-1716. IAEA, Vienna , 2013.

[3] U.S. DOE Nuclear Energy Research Advisory Committee. A technology roadmap for generation IV nuclear energy systems. The Generation IV International Forum. U.S. Department of Energy, Washington, D. C., 2002.

[4] The Economic Modeling Working Group of the Generation IV International Forum. Cost estimating guidelines for generation IV nuclear energy systems. OECD Nuclear Energy Agency, Paris, 2007.

[5] Moore M, Leung L, Sadhankar R. An economic analysis of the Canadian SCWR concept using G4-ECONS. CNL Nuclear Review, 2016, 5 (2): 363-372.

[6] Office of the Assistant Secretary for Nuclear Energy. Advanced reactor concepts technical review panel report, evaluation and identification of future R&D on eight advanced reactor concepts, conducted April-September 2012. U.S. Department of Energy, Washington D. C., 2012.

第 4 章

防核扩散评估

4.1　国际评估方法——防核扩散领域

4.1.1　INPRO 评估方法——防核扩散领域

INPRO 评估方法中核能系统防核扩散的定义为：核能系统阻止企图获取核武器或其他核爆炸装置而进行未申报的核材料生产或滥用核技术的特性。防核扩散评估领域的基本原则是核能系统在整个寿期内的固有特征和外部措施，应保证核能系统对获得核武器所需要的易裂变材料是没有吸引力的，并且核能系统防核扩散的固有特性和外部措施二者缺一不可[1]。

在 INPRO 评估方法中，防核扩散的固有特性分为以下四类：

第一类包括核能系统减小核材料在生产、使用、运输、贮存和处置过程中对核武器计划的诱惑力的技术特性。

第二类包括核能系统防止或阻止核材料转用的技术特性。

第三类包括核能系统防止或阻止未经申报生产直接用于核武器的核材料的技术特性。

第四类包括核能系统便于核查的技术特性。

固有特性的实例有：核材料的同位素组成，核材料的化学形式，来自核材料的辐射强度，核材料释热，来自核材料的自发中子产生率，将民用核能系统用于核武器生产所需改动的复杂性以及所需要的时间，核材料的质量及体积，转用或生产核材料并将其变成核武器可用形式所需要的技能、专业技术知识、所需的时间，限制接近核材料的设计特性等。

在 INPRO 评估方法中，防核扩散的外部措施分为以下五类：

第一类是国家核不扩散有关的承诺、义务和政策，包括《不扩散核武器条约》(Nuclear Non-Proliferation Treaty，NPT）和无核武器区条约、全面 IAEA 保障协定，以及保障协定的附加议定书等。

第二类包括出口国和进口国之间达成的核能系统将仅用于商定目的，并且服从于商定的限制条件的各种协定。

第三类包括控制接触核材料及核能系统的制度安排、法律或商业规则，包括使用多国燃料循环设施，以及为回收乏燃料所作的各种安排。

第四类是利用 IAEA 的核查，并酌情运用地区、双边和国家措施，以确保国家和设施运营者遵守不扩散或和平利用承诺。

第五类包括针对违反核不扩散或和平利用承诺的法律和制度安排。

防核扩散领域基本原则的使用贯穿于核能系统的整个寿期。

在概念设计阶段，防核扩散的考虑可提供固有特性，从而降低核材料在生产、使用、运输、贮存和最终处置过程中的吸引力。

在工程设计阶段，相关设计可对核能系统提供额外的防核扩散固有特性，政策可提供核能系统防核扩散的外部措施。

在建造阶段，在核能系统设施建造过程中对关键固有特性进行验证(验证本身为外部措施)。

在运行阶段，执行安保措施，同时需考虑到防核扩散的变化。

在停运和退役阶段，固有特性将影响防核扩散表现。

防核扩散领域共有 1 个基本原则、5 个用户要求、11 个评估准则。每个评估准则由一个指标与接受限值构成。INPRO 评估方法除了给出防核扩散领域的评估指标外，还给出了所需的评估参数(表 4.1)。

表 4.1 INPRO 防核扩散评估指标

<table>
<tr><th colspan="2">用户要求(UR)</th><th colspan="2">评估准则(CR)</th><th colspan="2">指标(IN)和接收限值(AL)</th></tr>
<tr><td rowspan="4">UR1</td><td rowspan="4">国家承诺：政府关于防核扩散的承诺、义务和政策与执行应当是充分的，满足国际标准</td><td rowspan="2">CR1.1</td><td rowspan="2">国家法律与政策框架</td><td>IN1.1</td><td>政府关于防核扩散的承诺、义务和政策满足国际标准</td></tr>
<tr><td>AL1.1</td><td>根据国际义务并符合国际承诺、标准与最佳实践，建立法律与政策框架，确保与促进 IAEA 的核保障监督的有效执行</td></tr>
<tr><td rowspan="2">CR1.2</td><td rowspan="2">体制与结构安排</td><td>IN1.2</td><td>国家体制与结构安排支持防核扩散</td></tr>
<tr><td>AL1.2</td><td>体制与结构安排支持国家的核不扩散承诺，并促进 IAEA 的核保障监督的执行</td></tr>
<tr><td rowspan="4">UR2</td><td rowspan="4">核材料与核技术对核武器计划或其他核爆炸装置的吸引力应当低</td><td rowspan="2">CR2.1</td><td rowspan="2">核技术</td><td>IN2.1</td><td>核技术吸引力</td></tr>
<tr><td>AL2.1</td><td>核能系统与国家所有相关核技术的吸引力均得到处理</td></tr>
<tr><td rowspan="2">CR2.2</td><td rowspan="2">核材料</td><td>IN2.2</td><td>核材料吸引力</td></tr>
<tr><td>AL2.2</td><td>核能系统与国家所有相关核材料的吸引力均得到处理</td></tr>
<tr><td rowspan="4">UR3</td><td rowspan="4">核能系统应具备固有特性并执行外部措施，使得 IAEA 保障监督容易执行</td><td rowspan="2">CR3.1</td><td rowspan="2">有效的保障监督</td><td>IN3.1</td><td>核材料转移与核设施错用可探测</td></tr>
<tr><td>AL3.1</td><td>IAEA 能容易实现保障监督的技术目标</td></tr>
<tr><td rowspan="2">CR3.2</td><td rowspan="2">高效的保障监督</td><td>IN3.2</td><td>高效地实施保障监督的各种活动</td></tr>
<tr><td>AL3.2</td><td>IAEA 能彻底并无不恰当延期的执行所有预期的保障监督活动</td></tr>
</table>

续表

用户要求(UR)		评估准则(CR)		指标(IN)和接收限值(AL)	
UR4	核能系统应采用多种防核扩散的固有特性与外部措施防止核材料转移与核技术错用	CR4.1	固有特性的纵深防御	IN4.1	核能系统具有多重防核扩散的固有特性
				AL4.1	核能系统采用冗余且多样的固有特性的组合，以降低核材料的吸引力，抑制核材料的转移或核技术的错用
		CR4.2	外部措施的纵深防御	IN4.2	核能系统具有多重防核扩散的外部措施
				AL4.2	核能系统采用充分且冗余的外部措施的组合，以防止材料的转移或核技术的错用
UR5	防核扩散的固有特性与外部措施的组合与其他设计考虑是兼容的，并且应该在设计与工程上进行优化以提供经济高效的防核扩散	CR5.1	在核能系统设计的所有阶段考虑防核扩散	IN5.1	在核能系统设计与寿期内考虑防核扩散
				AL5.1	设计方或业主在核能系统设计的所有阶段均考虑防核扩散，并涵盖其整个寿期
		CR5.2	防核扩散对业主单位来说是有效且高效的	IN5.2	业主单位防核扩散效率
				AL5.2	对业主单位来说，防核扩散固有特性与外部措施的执行是有效且高效的
		CR5.3	国家发布相关的防核扩散措施	IN5.3	国家发布的核能系统防核扩散措施
				AL5.3	国家发布核能系统防核扩散措施，并满足相关要求

4.1.2 GIF 评估方法——防核扩散领域

GIF 关于防核扩散的技术目标是第四代核能系统将使得转移或偷盗可用于武器的材料是没有吸引力的，也是最不可取的途径[2]。防核扩散是核能系统需具备的一个特征，以阻止通过转移、未申报核材料、技术使用不当等方式而谋求获得核武器或其他核爆炸装置。

挑战：威胁的定义

系统响应：系统的元素鉴别
目标的鉴别和分类
路径的鉴别与细化
方法的评价

结果：路径比较
系统评估＆结果

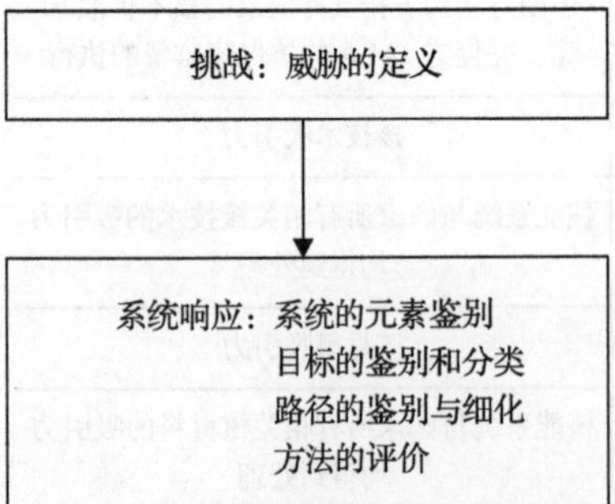

图 4.1　防核扩散评估方法框架

为评估第四代核能系统的防核扩散性能，GIF 成立了防核扩散与实物保护工作组，并提出了防核扩散与实物保护评估方法，提供了评估第四代核能系统防护核扩散特性的方法。

防核扩散是抵制潜在扩散国通过以下方式获得可用于核武器制造的材料：①从申报的流量和库存中秘密转移材料；②从申报的流量和库存中公然转移材料；③在申报设施中秘密生产或处理材料；④在申报设施中公然生产或处理材料；⑤通过在秘密设施中复制申报的设备来秘密生产或处理材料。

图 4.1 中说明了防核扩散评估方法每个部分的主要步骤。

从GIF防核扩散评估方法的框架可以看出，GIF评估方法与INPRO评估方法有较大的不同，INPRO方法强调评估核能系统为实现防核扩散目标所需的技术特征，包括核能系统的固有特性与外部人为的管理措施;GIF评估方法则强调评估核能系统在不同扩散途径下的系统响应及防核扩散的结果。下面简单介绍GIF防核扩散评估方法的主要步骤。

1. 定义挑战

GIF防核扩散评估的第一步是定义挑战，包括对评估范围内可能威胁的定义。为了全面定义挑战，必须包含一系列潜在的威胁，称为参考威胁集(reference threat set，RTS)。如果参考威胁集的一个子集为特定案例研究的重点，则必须明确定义该子集。威胁是会随着时间的推移而演变的，因此系统设计必须基于系统中的设施和材料可能经受其完整生命周期的威胁范围的合理假设。威胁定义的详细程度必须与有关设计和部署信息的详细程度相匹配。定义一个具体的扩散威胁，需要敌手和敌手策略的相关信息，可以考虑以下因素：类型(国家或地区等)、能力、目标等。

2. 系统响应

为了评估第四代核能系统对扩散、盗窃和破坏威胁的系统响应，需要考虑核能系统的技术和制度特征。使用路径分析方法评估系统响应，路径的定义是行动者为实现其扩散、盗窃和蓄意破坏目标的可能序列事件。在路径分析之前，重点是定义所评估的系统并确定其主要内容，即系统元素鉴别。在鉴别系统元素后，对每个威胁的潜在目标进行识别和分类，并确定这些目标的路径。评价系统响应使用的步骤如图4.2所示。

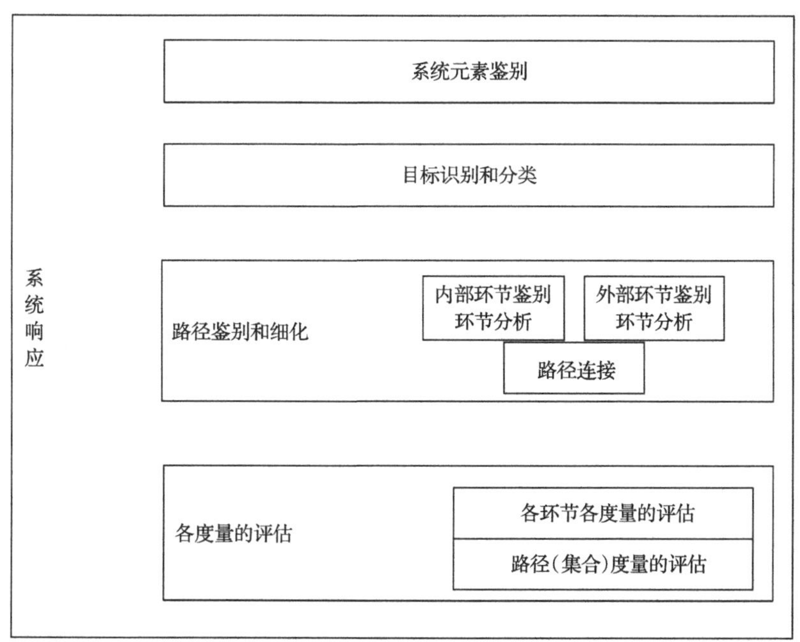

图4.2　系统响应步骤

(1) 系统元素鉴别：明确定义评估对象系统的边界，以限制评估的范围。随后识别系统元素，系统元素可以定义为核能系统的子系统，一个系统元素可以包括设施、设施的一部分、设施的集合。

(2) 目标识别和分类：目标是连接行动者和核能系统之间的纽带，是路径定义的基础。清晰、全面的目标识别是防核扩散评估的重要组成部分。目标可以包括核材料本身、工艺流程、设备和信息。

(3) 路径鉴别和细化：路径围绕着目标构建，可由不同的分段组成。对于粗略路径分析，分段是由系统参与的行动组成的。一个完整的扩散路径包括从核能系统中获取材料、处理材料使之可直接应用于武器到制造武器的所有行动。这三个分段中都包含多个细化的子分段。逐步细化可以从两方面着手进行：分段代表性行动可能被破解成更小的子分段，特性可能增加到分段描述中去，可以帮助更准确地评价这些度量。

(4) 各度量的评估：系统响应的结果表示为防核扩散的高层次度量，以下面定义的几种度量表示：

扩散技术难度 (TD)：技术复杂性所带来的固有困难，包括处理材料的能力，需要克服多种障碍实现扩散。

扩散成本 (PC)：克服多种技术壁垒实现扩散所需要的财力和人力投入，包括使用现有的或新的设施。

扩散时间 (PT)：克服多重扩散障碍所需的最短时间 (即国家为项目计划的总时间)。

易裂变材料类型 (MT)：基于特性影响其用于核爆炸物的效用程度的材料分类。

探测概率 (DP)：探测到分段或路径描述的动作的累积概率。

探测资源效率 (DE)：将核能系统应用国际保障所需的员工、设备和资金。

防核扩散度量可以分为两类：来自系统的固有特性及其与外部措施的组合。例如，探测概率的测量受到核材料可达性、材料特征的唯一性等内在特征的影响，同时也受到该国加入的国际保障协定等外部措施的影响。

主要由系统的固有特性确定的防核扩散度量包括：扩散技术难度、扩散成本、扩散时间、易裂变材料类型。

主要由系统的固有特性与外部措施组合确定的防核扩散度量包括：探测概率、探测资源效率。

为了方便随后的路径比较，可以将度量的结果统一为定性描述符，从“非常低”到“非常高”。定性描述符表示与竞争路径进行比较的评价度量的相对值，并且不应该被误解为给定途径或技术防核扩散本身的价值判断。

可以选择使用表 4.2 中给出的度量 (指标) 示例，并使用以下过程来评估每个防核扩散度量：

①给定一个路径分段或整个路径，特定防核扩散度量值可以根据所选择的指标来评估，以该指标为单位产生评估度量值。

防核扩散度量→指标→评估度量值

②已经为评估度量值的分组范围定义了区间。每个区间附有防核扩散定性描述符，描述与评估的度量值范围相关联的防核扩散能力。防核扩散定性描述符有非常低、低、中等、高、非常高(VL、L、M、H、VH)。

评估度量值→区间→定性描述符

表 4.2 中详细给出了每个防核扩散度量和相关指标，衡量指标的选择最终取决于具体的评估实践，表格提供的指标及评估度量值仅是示例。

表 4.2　防核扩散度量的指标和评估度量值示例

度量(指标)	评估度量值区间(中值)	定性描述符[a]
扩散技术难度 指标示例：考虑威胁能力的固有技术难题的分段/路径故障的概率	0%～5%(2%)	非常低
	5%～25%(15%)	低
	25%～75%(50%)	中等
	75%～95%(85%)	高
	95%～100%(98%)	非常高
扩散成本 指标示例：执行扩散分段/路径所需的国家军事预算的比例，按照“扩散时间”分摊到每年	0%～5%(2%)	非常低
	5%～25%(15%)	低
	25%～75%(50%)	中等
	75%～100%(85%)	高
	>100%(>100%)	非常高
扩散时间 指标示例：从启动路径的第一个动作开始到完成分段/路径的总时间	0～3 个月(2 个月)	非常低
	3 个月至 1 年(8 个月)	低
	1～10 年(5 年)	中等
	10～30 年(20 年)	高
	>30 年(>30 年)	非常高
易裂变材料类型 指标示例：材料类别(HEU、WG-Pu、RG-Pu、DB-Pu、LEU)；基于材料属性的插值(反映使用材料的偏好，而不是在核爆炸装置中的可用性)	HEU	非常低
	WG-Pu	低
	RG-Pu	中等
	DB-Pu	高
	LEU	非常高
探测概率 指标示例：保护措施探测到转移或滥用分段/路径执行的概率	0%～5%(2%)	非常低
	5%～25%(15%)	低
	25%～75%(50%)	中等
	75%～95%(85%)	高
	95%～100%(98%)	非常高

续表

度量(指标)	评估度量值区间(中值)	定性描述符[a]
探测资源效率 指标示例：每人每天探测核电厂的吉瓦年数	<0.01GW·年/(人·天)[0.005GW·年/(人·天)]	非常低
	0.01～0.04GW·年/(人·天)[0.02GW·年/(人·天)]	低
	0.04～0.1GW·年/(人·天)[0.07GW·年/(人·天)]	中等
	0.1～0.3GW·年/(人·天)[0.2GW·年/(人·天)]	高
	>0.3GW·年/(人·天)[1.0GW·年/(人·天)]	非常高

a 这些定性描述符表示与竞争路径进行比较的评估度量的相对值，而不是给定途径或技术防核扩散的绝对性能。

注：HEU-高富集度铀，^{235}U 富集度大于 95%；WG-Pu-武器级钚，易裂变 Pu 同位素含量大于 94%；RG-Pu-反应堆级钚，易裂变 Pu 同位素含量约为 70%；DB-Pu-高燃耗钚，易裂变 Pu 同位素含量小于 43%；LEU-低富集度铀，^{235}U 富集度小于 5%。

3. 结果

防核扩散评估是通过路径比较来确定扩散国或潜在对手最有可能追求的目标，并为决策者提供应对措施。路径比较的过程也是决策分析的过程，需采用谨慎但合理的路径比较方法。通过路径比较可识别具有代表性的主要路径，并分析路径结果对各种系统设计参数的敏感性。详细的防核扩散研究可能涉及非常大量的路径结果的比较，而结果的呈现通常侧重于主要路径的总结或路径结果对各种系统设计参数的敏感性。

表 4.3 给出了使用定性描述符的防核扩散度量比较评估示例。这种类型的表格允许政策制定者、利益相关者或系统设计者来比较多个路径，其中这些定性描述符表示与竞争路径进行比较的评估度量的相对价值，而不是给定路径或技术对防核扩散本身的价值判断。

表 4.3　使用定性描述符的防核扩散路径度量比较评估表

路径	扩散技术难度	扩散成本	扩散时间	易裂变材料类型	探测概率	探测资源效率
路径#1	L	VL	VL	VL	VL	L
路径#2	L	VL	L	VL	VL—L	L
路径#3	VL	L	H—VH	M	M—H	L—H
路径#4	VL	L	L—M	M—H	H—VH	M—H

注：V-非常；L-低；M-中等；H-高。

4.1.3　其他评估方法——防核扩散领域

在防核扩散评估领域，除了 INPRO 评估方法与 GIF 评估方法外，国际上还开展了一系列评估方法研究与评估实践活动，但均没有像上述两种评估方法那样具有完整的方法体系。

2011 年底，美国能源部核能办公室发布了一份关于核燃料循环方案评估和筛选的研究报告。评估和筛选研究考虑了从采矿到处置的整个燃料循环，包括一次通过循环和闭式燃料循环，以确定与当前美国的核燃料循环相比取得了实质性进步且有应用前景的燃料循环选项。为开展燃料循环的评估，报告中规定了九个评估准则，这些评估准则大体上界定了经济、环境、安全、防核扩散、安保和可持续性目标等领域，其中在防核扩散方面，评估指标主要为核材料的吸引力[3]。

2012 年，美国能源部核能办公室资助与先进反应堆概念相关堆型的研发，包括小型模块反应堆和大型核能系统的研究、开发和示范计划。核能办公室发布堆型相关的信息需求，其中确定了概念评估的 11 个标准。反应堆供应商根据信息需求提交堆型概念方案，同时核能办公室组成了一个技术评审委员会(TRP)来进行堆型概念的评估，并确定研发未来的需求。堆型评估的 11 个标准中，关于防核扩散的内容为：技术开发者需提供对先进堆概念设计的一些特征和特征的基本描述，尽量减少扩散风险，单靠技术措施不足以充分解决扩散问题，外部措施也非常重要[4]。

4.2　中国先进堆型综合评估方法——防核扩散领域

4.2.1　评估指标

1. 指标设定与指标说明

防核扩散评估指标的设定，考虑到该评估方法的使用范围、目前我国四代堆与先进堆型的研发现状，指标设定聚焦于堆型防核扩散的固有特性，即材料吸引力与核技术吸引力，同时兼顾外部措施，最终共设定了 3 个指标，分别是材料吸引力、核技术吸引力和转移探测的能力。对于与国家政策和制度相关的外部措施，由于国内先进堆型的研发处于相同的政策环境中，因此暂不予考虑。

第一个指标材料吸引力用于表征核材料本身对于制造核武器的潜力或吸引力，从 6 个子指标来进行度量，分别是材料类型、同位素成分、放射性强度、释热功率、材料质量和物理化学形态。

(1) 材料类型是指使用的核燃料的富集度类型，包括：未经辐照可直接使用的核材料，例如高富集度的 ^{235}U 和 ^{233}U；经过辐照可直接使用的核材料，例如乏燃料中的钚；低富集度的铀，例如 ^{235}U 富集度低于 20%；天然铀，即未经富集的铀；贫铀，即铀富集后的尾料铀。

(2) 同位素成分是指核材料 Pu 的同位素中 ^{239}Pu 的百分比含量，尤其是通过乏燃料后处理之后制造的核材料。

(3) 放射性强度是指距离核材料表面 1m 处的剂量率(mGy/h)。

(4) 释热功率是指核材料本身的释热水平，可用核材料中 ^{238}Pu 在钚中的含量来度量。

(5) 材料质量是指单个燃料元件的质量。

(6) 材料的物理化学形态是指核材料是哪种形态，例如金属、氧化物或溶液、化合物、乏燃料、废料等。

以上 6 个子指标均是核材料本身的特性，一般来说核材料 ^{235}U 的富集度越高、^{239}Pu 同位素百分比含量越高对制造核武器的吸引力越大，核材料的放射性越强、释热功率越大、材料越重，转移核材料的难度就越大，核材料的物理化学形态与成分越复杂吸引力就越低。因此通过上述 6 个子指标对于核材料固有特性的描述可以用来评估核材料的吸引力。在具体评估时，可根据评估对象选用部分子指标。

第二个指标核技术的吸引力是指堆型技术本身的吸引力，可以从两个子指标来进行度量，包括乏燃料是否能提取易裂变材料、可增殖材料的辐照能力。

(1) 乏燃料是否能提取易裂变材料是指能否或者方便地从该堆型的乏燃料中提取易裂变材料。

(2) 可增殖材料的辐照能力是指该堆型是否便于可裂变材料的增殖。

以上两个子指标是堆型技术本身的特性，一般来说乏燃料越容易提取易裂变核素、越容易进行可裂变材料的增殖，核技术本身的吸引力就越大，防核扩散的性能就越差。

第三个指标转移探测的能力，更多的是表征核能系统防核扩散的外部措施，可以从 6 个子指标来进行度量，包括核材料衡算、监测系统的可靠性、核材料探测能力、修改工艺的难度、修改核设施设计的难度、对技术或设施错用的探测能力。

(1) 核材料衡算是指核材料应建立台账，统计并上报 IAEA 定期检查、监控核材料品种与数量。

(2) 监测系统的可靠性是指通过安装测量和监测系统，可增强对核材料转移的探测能力及其可靠性。

(3) 核材料探测能力是指相关机构通过工具手段来验证核能系统核材料平衡的能力。

(4) 修改工艺的难度是指核燃料在各个环节的生产过程中修改生产工艺，从而用于生成核武器级核材料的难度。

(5) 修改核设施设计的难度是指修改核设施原本设计转用于生成核武器级核材料的难度。

(6) 对技术或设施错用的探测能力是指对技术错用和核设施生产未申报或未经许可的核材料的探测的可能性。

以上 6 个子指标均为外部措施，需要相关监管机构的检查人员进行现场确认。

2. 指标权重与打分规则

先进堆防核扩散领域的评估，设定评估指标之后，还需确定具体的评估流程，包括指标的评估准则、打分规则、指标的权重等。

1) 指标 1：核材料吸引力 (权重 40%)

材料吸引力包含 6 个子指标，分别是材料类型、同位素成分、放射性强度、释热功率、材料重量和物理化学形态，子指标的权重分别为 25%、25%、10%、10%、15%、15%。每个子指标的定性打分规则如下：根据防核扩散能力的强弱分为：W(弱)，0～3

分；M(中等)，4～7分；S(强)，8～10分；或者W(弱)，0～5分；S(强)，6～10分，根据实际堆型特点进行打分。

(1)材料类型的评估准则为：中高富集度为W(弱)，低富集度为M(中等)，天然铀及以下为S(强)。

(2)同位素成分的评估准则为：^{239}Pu成分超过50%为W(弱)，低于50%为S(强)。

(3)放射性强度的评估准则为：1m处的剂量率(mGy/h)，＜350为W(弱)，350～1000为M，＞1000为S(强)。

(4)释热功率的评估准则为：$^{238}Pu/Pu$(质量分数)＜20%为W(弱)，＞20%为S(强)。

(5)材料重量的评估准则为：单个元件质量(kg)，＜100为W(弱)，100～500为M(中等)，＞500为S(强)。

(6)物理化学形态的评估准则为：金属为W(弱)，氧化物或溶液为M(中等)，化合物为S(强)。

2)指标2：核技术吸引力(权重40%)

核技术吸引力包含两个子指标，分别是乏燃料是否能提取易裂变材料、可增殖材料的辐照能力。各子指标权重分别为60%、40%。通过每个子指标的评估准则进行定性打分，定性打分规则根据防核扩散能力的强弱分为：W(弱)，0～5分；S(强)，6～10分，根据实际堆型特点进行打分。

(1)乏燃料是否能提取易裂变材料的评估准则为：是为W(弱)，否为S(强)。

(2)可增殖材料是否具有辐照能力的评估准则为：是为W(弱)，否为S(强)。

3)指标3：转移探测的能力(权重20%)

转移探测的能力包含6个子指标，分别是核材料衡算、监测系统的可靠性、核材料探测能力、修改工艺的难度、修改核设施设计的难度、对技术或设施错用的探测能力。各子指标权重分别为20%、10%、10%、20%、20%、20%。外部措施影响因素较多，在设计初期输入参数较少，可不进行评估，若要进行评估可根据各个子指标的描述，并综合各因素进行定性打分：W(弱)，0～3分；M(中等)，4～7分；S(强)，8～10分。

根据子指标的权重，加权得到两个指标的得分，然后根据指标的权重，最终得到防核扩散领域的得分，得分越高，该堆型方案防核扩散的能力越强。

先进堆防核扩散领域评估所需输入参数示例如表4.4所示。

表4.4 先进堆防核扩散领域评估所需输入参数示例

输入参数	参数说明	参数值(示例)
燃料富集度(质量分数)/%	^{235}U最高富集度	4.95
核素成分中^{239}Pu的含量/%	对于使用MOX燃料的情况，总的核素成分中^{239}Pu的含量	60
单个组件(最小装料单元)质量/kg	单个燃料组件(最小装料单元)质量	500
燃料芯块物理化学形态	燃料芯块的物理化学形态，通常包括金属、氧化物、溶液、化合物等	氧化物，UO_2
燃料循环方法	燃料循环方法，一般为闭式循环或一次通过循环方式	闭式循环

续表

输入参数	参数说明	参数值(示例)
乏燃料处理(处置)策略	是否后处理，或直接长期储存	后处理
增殖能力	堆芯是否具有可裂变核素的增殖能力	否
转移探测的能力	对防核扩散的外部措施进行描述	—

先进堆防核扩散领域评估方法总结如表 4.5 所示，包括评估指标、子指标(评估参数)、适用阶段、指标说明、打分规则等。该评估方法可用于单个堆型的评估，也可用于多个堆型的对比评估。单个堆型的防核扩散评估可为堆型的防核扩散设计提供研发建议，多个堆型的对比评估则可为堆型技术的选择提供决策参考。

表 4.5　先进堆防核扩散领域评估方法

指标	子指标	适用阶段	权重/%	指标说明	指标打分规则
材料吸引力	(1) 材料类型 (2) 同位素成分 (3) 放射性强度 (4) 释热功率 (5) 材料质量 (6) 物理化学形态	设计阶段	40	固有特性：各子指标权重分别为 25%、25%、10%、10%、15%、15%	打分主要为定性打分： W(弱)，0～3分；M(中等)，4～7分；S(强)，8～10分；或者W(弱)，0～5分；S(强)，6～10分。 分指标来看： 材料类型：根据富集度进行打分，中高富集度与后处理钚为W，低富集度为M，天然铀及以下为S； 同位素成分：^{239}Pu成分超过50%为W，低于50%为M； 放射性强度：1m处的剂量(mGy/h)，<350为W，350～1000为M，>1000为S； 释热功率：^{238}Pu/Pu(质量分数)<20%为W，>20%为S； 材料质量：单个元件质量(kg)，<100为W，100～500为M，>500为S； 物理化学形态：金属为W，氧化物或溶液为M，化合物为S
核技术吸引力	(1) 乏燃料是否能提取易裂变材料 (2) 可增殖材料的辐照能力	设计阶段	40	固有特性：子指标权重分别为 60%、40%	打分主要为定性打分： W(弱)0～5分；S(强)6～10分。 分指标来看： 乏燃料是否能提取易裂变材料：是为W，否为S； 可增殖材料是否具有辐照能力：是为W，否为S
转移探测的能力	(1) 核材料衡算 (2) 监测系统的可靠性 (3) 核材料探测能力 (4) 修改工艺的难度 (5) 修改核设施设计的难度 (6) 对技术或设施错用的探测能力	全寿期	20	外部措施：子指标权重分别为 20%、10%、10%、20%、20%、20%	外部措施影响因素较多，在设计初期输入参数较少，可不进行评估，若要进行评估可根据各个子指标的描述，并综合各因素进行定性打分：W，0～3分；M，4～7分；S，8～10分

4.2.2　评估示例

本小节将通过选取某个堆型方案进行防核扩散评估的示例，演示防核扩散评估的过程。考虑到我国先进堆的研发进展情况，选取技术成熟度较高的某高温气冷堆进行防核扩散领域的对比评估。

第一步为确定堆型方案与评估参数。高温气冷堆以我国相关堆型的示范工程为例，并仅对堆型的防核扩散固有特性进行评估，即材料吸引力与核技术吸引力。评估所需的参数如表 4.6 所示。

表 4.6　评估示例输入参数[5]

输入参数	某高温气冷堆(参考值)
燃料富集度/%	8.5
核素成分中 ^{239}Pu 的含量/%	无
核素成分中 ^{238}Pu 的含量/%	无
单个组件(最小装料单元)质量/kg	≈0.2
燃料芯块物理化学形态	氧化物+化合物
燃料循环方法	开式
乏燃料处理(处置)策略	后处理难度大
增殖能力	无

第二步为指标评估。根据上述堆型评估输入参数与指标评估准则及打分规则，进行防核扩散评估指标的评估，其中可根据输入数据的详细程度对评估指标、子指标、指标权重等进行调整。在本评估示例中，受限于可用的输入数据，仅对高温气冷堆的防扩散固有特性进行评估，即材料吸引力和核技术吸引力，其中材料吸引力的子指标中的放射性强度由于缺少输入数据，故暂不考虑该子指标。同时对指标和子指标的权重进行了适应性调整，材料吸引力与核技术吸引力两个指标的权重均为 50%。材料吸引力指标的子指标包括：材料类型、同位素成分、释热功率、材料质量、物理化学形态，各子指标权重分别为 25%、25%、20%、15%、15%。核技术吸引力的子指标包括：①乏燃料是否能提取易裂变材料；②可增殖材料是否具有辐照能力。两个子指标权重分别为 60%、40%。

指标评估过程可分为子指标评估→子指标得分→指标得分→防核扩散评估得分，子指标评估根据输入参数与子指标评估准则得出子指标的定性评估结果，再根据打分规则得出子指标得分，然后根据子指标权重加权求和后得到指标评估得分，最后根据指标权重加权求和得到防核扩散领域的评估得分。从单个堆型的评估结果可以看出该堆型在防核扩散领域的薄弱环节，据此可进一步提出该堆型的研发建议；若采用对比评估，从多个堆型的对比评估的结果可以看出堆型防核扩散性能的强弱，此时的评估得分更多地表征堆型之间防核扩散性能的相对强弱。评估过程与评估结果如表 4.7 所示。

表 4.7 评估示例评估过程

指标	指标权重/%	子指标	子指标权重/%	评估结果
材料吸引力	50	材料类型	25	M
		同位素成分	25	S
		释热功率	20	W
		材料质量	15	W
		物理化学形态	15	S
核技术吸引力	50	乏燃料是否能提取易裂变材料	60	S
		可增殖材料是否具有辐照能力	40	S

本评估示例对评估指标与子指标均做了适应性调整，重点对某高温气冷堆的防核扩散固有特性进行评估，从评估过程与评估结果可以看出，该高温气冷堆具有较好的防核扩散性能(本评估示例各指标的评估结果仅做参考)。同时需要注意，防核扩散的外部措施也是需要的，根据不同堆型防核扩散固有特性的差异，制定与之互补的外部措施，从而实现堆型防核扩散的优化设计，以降低防核扩散的总成本。

4.3 小 结

本章首先对先进堆防核扩散领域已有的评估方法进行了介绍，INPRO 方法与 GIF 评估方法均同时关注堆型防核扩散的固有特性与外部措施，认为固有特性与外部措施都是必需的，二者缺一不可。对于适用于我国的先进堆型综合评估方法，考虑到使用范围与我国先进堆的研发现状，该评估方法重点考虑堆型防核扩散的固有特性，即材料吸引力与核技术吸引力，同时兼顾外部措施，即转移探测的能力。该方法包含了详细的评估指标与权重、子指标与权重、评估准则与打分规则，通过评估高温气冷堆的防核扩散评估演示了防核扩散评估的具体过程。

参 考 文 献

[1] International Atomic Energy Agency. INPRO methodology for sustainability assessment of nuclear energy systems: Proliferation resistance. Vienna, 2024.

[2] GIF. Evaluation methodology for proliferation resistance and physical protection of generation IV nuclear energy systems. Paris, 2011.

[3] Wigeland R, Taiwo T, Ludewig H, et al. Nuclear fuel cycle evaluation and screening-final report fuel cycle research & development. U.S. Department of Energy, Washington D. C., 2014.

[4] U.S. Department of Energy, Office of Nuclear Energy. Advanced reactor concepts technical review panel report: Evaluation and identification of future R&D on eight advanced reactor concepts. Washington D. C., 2012.

[5] 黄健, 李志容. 高温气冷堆球形乏燃料处置策略及容量探讨. 核科学与工程, 2023, 43(2): 474-480.

第 5 章

实物保护评估

5.1 国际评估方法——实物保护领域

5.1.1 INPRO 评估方法——实物保护领域

1. 评估方法概述

INPRO 评估方法[1]将核材料和核设施开展的所有实物保护活动定义为实物保护体系，包括通过立法和监管机构规定国家与营运者之间关于实物保护方面的责任，制定行政措施和实施技术手段，以防止盗窃、抢劫或非法转移核材料或破坏核设施，并减轻恶意行为所产生的后果。

实物保护领域评估的基本原则是在先进堆型的整个生命周期内有效和高效地实施实物保护体系，将盗窃、破坏、丢失、非法转让和非法使用核材料以及蓄意破坏核材料和核设施的可能性和机会降到最低。

在实物保护领域的基本原则下，有 12 个用户要求(UR)，涉及四个方面：立法和监管机构，先进堆型选址、布局和设计，实物保护系统设计，突发事件处置和后果缓解。用户要求下是评估准则(CR)，每个评估准则由评估指标(IN)与接受限值(AL)组成。实物保护领域共有 28 个评估准则。根据接受限值，对先进堆型的评估指标逐个进行评估，最终目的是确认已建立或计划建立的实物保护体系是否适用于该先进堆型，并可识别出不符合 INPRO 评估标准的薄弱项，以便制定出符合评估标准要求的后续行动项。

实物保护领域的评估是一个整体的过程，在先进堆型的整个生命周期中与 INPRO 评估方法其他领域都是密切相关的：

(1) 安全领域：核安全的目标是在核设施内建立和维持有效的、防御辐射危害的措施，以保护个人、社会和环境使其免受损害，与实物保护的目标有相似之处，需要协同合作，但也存在潜在的冲突。例如，实物保护系统要求的出入访问限制、实物保护系统的布局以及信息保密性都可能对核安全有影响。

(2) 经济领域：核安全制度需要投入经费来开发、实施、管理和维护有效的实物保护系统以及响应力量，还需要国家维护基础设施并制定计划来应对和处理恶意行为，对于恶意行为导致的不可接受的放射性后果，还需要更多的经济资源来缓解、清理和补偿。

(3)废物管理领域：关于废物管理的方式和选址等，需要考虑其对潜在敌手的潜在吸引力，以及实物保护系统的需求和对实物保护体系的影响。

(4)防核扩散领域：防核扩散的目标是防止意图生产核武器的非核武器国家、政府的活动，与实物保护的目标有相似之处，但同样是协同合作与潜在冲突并存。例如，实物保护对核材料和敏感信息的保护可能会对防核扩散所需的开放访问和获取监控带来阻碍。

(5)环境领域：对于恶意行为导致的不可接受的放射性后果，造成环境污染的同时还会在国际社会对核材料的有效利用造成负面影响。

2. 评估准则、评估指标

实物保护领域的评估指标见表 5.1，包含用户要求(UR)、评估准则(CR)。

5.1.2 GIF 评估方法——实物保护领域

1. 评估方法概述

在第四代核能系统国际论坛(GIF)评估方法[2]中，将防核扩散和实物保护合为一个评估领域(PR&PP)，因为二者有共同的技术目标：第四代核能系统将进一步确保转移或盗窃武器级的核材料是没有吸引力的，也是最不可取的途径，同时还加强针对恐怖主义活动的实物保护能力。

GIF 的实物保护评估方法是一个基于场景、系统的全面分析方法，首先定义威胁或挑战，然后评估实物保护系统对其的响应，再以指标的形式描述响应的成果，最终整理并形成评估结果和报告，因此这一套评估方法被称为渐进方法。GIF 实物保护评估方法的潜在用户有实物保护系统研发人员、政策制定者和监管机构、国际组织或其他利益相关者。

GIF 的实物保护评估可以贯穿整个实物保护系统设计过程，应用于整个核燃料循环的各个阶段，还可应用于 GIF 范围之外最新出现的小型模块化反应堆的评估。在人力方面，根据用户需求和设计阶段的不同，一个简化的概述性的评估可能只需要一位专家，而一个充分的全面的评估则需要一个团队。在评估时间方面，根据应用堆型的不同，可能是几周，也可能是一年。在分析结果方面，根据用户需求和受众不同，可以是定性的，也可以是定量的。

在 GIF 实物保护评估方法的运用中，一般需要通过实物保护领域的专家得到启发，以实现具有系统性、可靠性和透明性的定性分析，并为定量分析提供输入数据。在早期阶段，评估方法主要根据专家判断而给出定性和定量成果。随着设计的逐步深化，评估分析也将逐渐深入，评估方法也能够得出更为定量化的结果。

对于实物保护领域的评估结果，不同用户有不同的关注点。实物保护系统设计者主要关注更具吸引力的路径，以便在设计中通过实物保护探测、延迟等技防手段降低路径的吸引力，必要时也可采取特殊制度等人防措施，提高应对设计基准威胁的响应

表 5.1 INPRO 实物保护领域评估指标集

用户要求(UR)			评估准则(CR)		指标(IN)和接受限值(AL)	
UR1	立法和监管机构	为实物保护体系建立国家基准，要求在部署先进堆型之前，应建立起实物保护监管机构和相关的法律法规来管理实物保护	CR1.1	国家的作用和责任	IN1.1	指定和授权主管当局(如监管机构、响应力量机构等)并确定其责任
					AL1.1	所有有关国家组织的作用和责任在相关文件中有明确定义和记录
			CR1.2	法规的制定	IN1.2	制定实物保护相关的法律法规
					AL1.2	关于设计基准威胁、实物保护分级方法、组织机构和人防措施、实物保护系统性能水平等方面的实物保护法律法规已制定，或正在由指定的主管当局审批
			CR1.3	执照持有者的作用和责任	IN1.3	明确定义核设施运营方和其他利益相关者的实物保护的职责和权限
					AL1.3	根据国家实物保护的相关法律法规，对响应力量以及实物保护系统设计、实施、运行和维护等方面的职责和权限已明确定义并形成文件
UR2	全面性和持续性	实物保护要结合所有的 INPRO 领域并贯穿先进堆型的整个生命周期的所有阶段	CR2.1	实物保护与安全、防核扩散和运行的结合	IN2.1	解决实物保护与安全、防核扩散、运行方面的协同与分歧
					AL2.1	通过组建由实物保护、安全、防核扩散及运行专家组成的联合评审小组，最大限度地发挥优化协同作用，尽量减少潜在的冲突
			CR2.2	所有 INPRO 领域中的实物保护考虑	IN2.2	在 INPRO 其他领域的评估中均考虑实物保护
					AL2.2	在评估 INPRO 的每个领域时已充分考虑实物保护，并有效地协调其影响
			CR2.3	先进堆型所有阶段的实物保护考虑	IN2.3	在先进堆型从初期到退役期，均已考虑实物保护方面的问题
					AL2.3	先进堆型的所有阶段，尤其是被关闭和退役时，预算和人员都减少但仍可能储存核材料和放射性材料，已预先考虑和规划在这些情况下提供充分和可持续的实物保护

续表

用户要求(UR)			评估准则(CR)		指标(IN)和接受限值(AL)	
UR3	人员可靠性	定义并实施可信度程序。人员的可信度是一个持续进行的过程，应确保定期审查	CR3.1	可信度程序	IN3.1	定义并实施公认的、具有审查标准的可信度程序
					AL3.1	针对有无犯罪记录、与已知主张恶意活动的团体或个人有无关系、有无通过非法毒品检测等方面，建立具有可信度级别等审查标准的人员可信度程序，并定期实施审查
UR4	信息安全性	根据核安保重要性，对 INPRO 所有领域的敏感信息进行保护	CR4.1	保密程序的制定	IN4.1	制定用于识别和保护敏感信息的程序
					AL4.1	针对敏感信息，例如：实物保护系统信息，核材料数量、位置和转移信息，可帮助入侵者制定入侵计划的操作信息，可帮助入侵者确定最佳时间的信息，响应力量的行动信息，防核扩散措施的信息等，制定用于识别和保护敏感信息的程序
			CR4.2	保密程序的实施	IN4.2	在各个层面实施保密程序来识别和保护敏感信息
					AL4.2	按照制定的书面保密程序，在各级(国家、技术持有者/供应商、设计者和参与实物保护的其他利益相关者)开展实施
UR5	设计基准威胁	应基于国家现有的威胁，评估确定核设施设计基准威胁或其他适当的威胁清单，并由国家定期审查设计基准威胁	CR5.1	设计基准威胁的制定	IN5.1	已制定设计基准威胁或其他适当的威胁清单
					AL5.1	由国家针对先进堆型并考虑一些未来的变化因素制定设计基准威胁
			CR5.2	设计基准威胁的定期审查	IN5.2	已发布定期审查设计基准威胁的国家规定
					AL5.2	发布国家级设计基准威胁的定期审查流程，维持设计基准威胁的有效性
			CR5.3	设计基准威胁作为实物保护设计的依据	IN5.3	设计基准威胁或其他适当的威胁清单以作为建立实物保护系统的设计依据
					AL5.3	先进堆型的实物保护系统设计是以设计基准威胁或其他适当的威胁清单为基础的

续表

用户要求(UR)			评估准则(CR)		指标(IN)和接受限值(AL)	
UR5	设计基准威胁	应基于国家现有的威胁，评估确定核设施设计基准威胁或其他适当的威胁清单，并由国家定期审查设计基准威胁	CR5.4	实物保护系统的灵活性	IN5.4	实物保护系统的设计要具备灵活性以应对威胁的动态变化
					AL5.4	在实物保护系统的布局和设计上已经考虑到便于未来随着设计基准威胁的变化做出更改的灵活性
UR6	分级方法	在定义实物保护级别或先进堆型设备要求时，应采用分级方法的概念	CR6.1	后果界限	IN6.1	界定对直接针对核材料和核设施(包括运输)的恶意行为的后果
					AL6.1	国家已考虑并权衡政治、经济、环境和公共安全等影响后，定义针对核材料和核设施(包括运输)的恶意行为所导致不良后果的不可接受界限，确定不可接受后果的等级，并根据后果的严重程度制定实物保护水平和相关处罚分级
			CR6.2	分级方法	IN6.2	将实物保护分级方法应用于国家标准要求的制定和实物保护系统的设计
					AL6.2	国家法规中已规定盗窃和破坏导致不可接受后果的分级保护要求，实物保护系统设计中已根据国家界定的后果来确定保护目标，并按照分级保护的方法来确定保护等级
UR7	质量保证	为先进堆型所有实物保护重要活动制定质量保证政策和质量保证大纲，并在实物保护体系的设计、施工、运行和维护等过程中有效实施	CR7.1	质量保证政策	IN7.1	为所有实物保护重要活动制定并实施质量保证政策
					AL7.1	已制定正式的、涵盖所有实物保护重要活动的质量保证大纲来执行质量保证政策，并定期进行符合规定要求的审查和报告
UR8	核安保文化	参与实施实物保护的所有组织应当优先考虑整个组织的核安保文化的发展、维护和有效贯彻执行	CR8.1	核安保文化	IN8.1	为参与先进堆型的所有组织和个人制定并实施核安保文化程序
					AL8.1	在实物保护体系的各个级别制定并实施了核安保文化大纲，或建立核安保文化的必要步骤都已包含在规划之中，参与先进堆型的所有组织都已在促进核安保文化的发展

续表

用户要求（UR）			评估准则（CR）		指标（IN）和接受限值（AL）	
UR9	先进堆型选址期间的实物保护考虑	先进堆型的定位和选址对实物保护系统的设计有很大影响，在先进堆型选址时就应考虑实物保护	CR9.1	地形、地理和地貌	IN9.1	评估地形、地理和地貌，以排除敌手的潜在优势
					AL9.1	先进堆型在选址期间已考虑地形、地理和地貌，并已评估场地周围可能被敌手利用来观察、接近和攻击的高地，可能被敌手借助的掩护体和隐蔽处等对实物保护的影响
			CR9.2	核材料运输和场外响应	IN9.2	评估核材料运输和场外响应路线的可行性、灵活性、薄弱性和效率
					AL9.2	不止一条可以运输的、不易埋伏的陆路线路，场外响应的部署时间短于实物保护可维持的延迟时间
			CR9.3	未来周边土地的发展	IN9.3	要考虑未来周边土地可能的发展
					AL9.3	已通过制定政策或划分区域确保核设施周边土地的所有权为核设施营运单位所有
UR10	先进堆型组件的布置与设计	先进堆型组件的设计和布局可能会对实物保护系统的有效性和效率产生重大影响，应尽早对实物保护进行考虑	CR10.1	先进堆型的设计	IN10.1	先进堆型组件的设计已考虑实物保护
					AL10.1	先进堆型组件在设计时已考虑在目标位置设置访问权限、多单元时在应急情况下相互使用临近设施冗余支持系统、对实物保护有力的能动和非能动屏障等方面的问题
			CR10.2	先进堆型的布置	IN10.2	先进堆型组件布置已考虑实物保护
					AL10.2	先进堆型组件的布置已考虑将冗余设备或系统的空间和物理隔离最大化、将目标设置在远离保护区周界的位置并遮蔽目标防止观察、减少对现场核材料运输的需求，以及考虑实物保护系统探测、延迟和响应的空间需求等
UR11	实物保护系统设计	先进堆型的实物保护系统应采用系统性的方法进行统一的多层保护，针对设计基准威胁来设计和实施有效的实物保护系统	CR11.1	一体化的实物保护系统	IN11.1	将威慑、探测、复核、延迟和响应集成在一起，以实现及时中断恶意行为的目的
					AL11.1	实物保护系统设计已保证有效的探测和及时的复核、提供大于响应力量部署时间的延迟时间、具备足够人数和充足装备的响应力量

续表

用户要求(UR)			评估准则(CR)		指标(IN)和接受限值(AL)	
UR11	实物保护系统设计	先进堆型的实物保护系统应采用系统性的方法进行统一的多层保护，针对设计基准威胁来设计和实施有效的实物保护系统	CR11.2	内部敌手的考虑	IN11.2	实物保护系统设计考虑内部敌手利用访问权限、知识和授权等能力
					AL11.2	从设置实体屏障进行周界隔离和访问控制、出入口设置违禁品检查设备并规定检查程序、设置视频监控设备监控和评估恶意行为、重要敏感区域实施员工监督措施(如双人原则)等方面应对内部敌手的威胁
			CR11.3	纵深防御	IN11.3	实物保护系统设计具有多重、互补的保护层和保护方法
					AL11.3	正确使用纵深防御的概念，通过设置多个保护层或多种方法来实现探测和延迟
UR12	突发事件处置	核材料许可证持有者应制定突发事件处置预案并定期演练	CR12.1	突发事件处置的责任	IN12.1	确定突发事件处置执行的责任
					AL12.1	已明确突发事件处置的责任并形成文件，包括指定负责人以及响应人员之间权利与责任
			CR12.2	蓄意破坏的缓解	IN12.2	实物保护体系有能力阻止和缓解蓄意破坏所产生的放射性后果
					AL12.2	对于重大恐怖主义活动等带来的放射性破坏事件，实物保护体系具备有效的应急管理和医疗设施以应对放射性破坏的能力
			CR12.3	核材料和核设施的回收	IN12.3	实物保护体系有能力在敌手实现目标之前找回被偷的核材料或夺回核设施
					AL12.3	对回收从核设施内非法转移的核材料制定突发事件响应预案，并组织相关机构、部门对计划定期演习

能力和核安保水平。政策制定者则可能更关注实物保护系统中针对某些代表性路径的高水平保护措施。

GIF 实物保护领域的评估在基于具体某种威胁的基础上所得出的最终结果必须是可靠的、准确的，还应该对那些显著影响实物保护体系的特点加以重点说明。实物保护系统评估结果的详细程度和呈现方式取决于评估的目的，除了定量结果外，也需要定性地描述，还应通过适当的方式将评估的动机和目的联系起来，说明结果与目的之间的符合度。

2. 评估指标和评估流程

1) 评估指标

第四代核能系统实物保护领域的设计目标是：①减少整个核能系统应对一系列威胁的风险所需的资源；②使设计集中关注整个核能系统中的高风险源；③提高实物保护系统有效性的透明度，以增强所有利益相关者的信心、增强对敌手的威慑力；④在给定风险水平的情况下，识别并选择为实现降低该风险对所需资源影响相对小的设计方案。

因此，GIF 实物保护评估方法的评估指标有三个：敌手成功概率(probability of adversary success，PAS)、后果(consequences，C)和实物保护资源(physical protection resources，PPR)。

(1) 敌手成功概率(PAS)。

评估敌手成功完成路径所述行动并带来后果的概率。若完成路径所述的行动在敌手的资源和能力范围之内，则敌手成功概率取决于在敌手入侵行动完成前实物保护系统探测到入侵行为、拖延敌手并对抗敌手的能力。

敌手成功概率指标通常用在实物保护系统设计和分析中，有多种评价工具可用于定量评估该指标。

(2) 后果(C)。

路径所述的敌手计划行动成功完成后所带来的影响。该指标反映了在产生不利影响方面，所述路径对敌手的吸引力以及相对重要性。

盗窃的后果可用所盗窃的核材料数量和质量来表示。破坏的后果可通过急性死亡人数、潜在死亡人数、单位面积的核材料量等来衡量。在粗略路径水平上对破坏后果最有意义的衡量是放射性释放物是否被控制、是控制在核电厂场内范围或是释放到场外。

(3) 实物保护资源(PPR)。

实物保护系统对敌手的入侵行动进行探测、延迟和响应所需的外在特性资源，量化了提供某一实物保护水平所需的人员配备、能力及费用(包括建设和运维)。

针对指定路径的实物保护资源，可对具体路径进行分段评估，之后再进行求和。针对目标的实物保护资源可通过对目标相关所有路径的资源求和后进行评估。针对系统典型部分的实物保护资源可通过对系统典型部分中所有目标所需资源求和进行评估。

2) 评估流程

GIF 实物保护评估的流程是在四大类活动下通过九个具体任务步骤完成的。评估报告的完成不能完全推到最后实施，而是随着评估工作的进行逐渐得出所需资料，有时一些任务步骤也会同时进行。

四大类活动分别为：

(1) 定义工作(D)。

(2) 管理流程(M)。

(3) 执行工作(P)。

(4) 报告工作(R)。

九个具体任务步骤分别为(其中括号内字母代表任务所属的活动类别)：

(1) 确定评估框架(D)：定义系统元件、威胁、分析水平等。

(2) 组建研究队伍(M)：确定项目领导、实物保护专员、专业工程师等。

(3) 分解评估内容(P)：明确系统元件，推动路径分析。

(4) 制定计划(M)：创建初步计划，审查现有研究资料，选定方法，细化范围。

(5) 数据收集和确认(P)：获取设计信息、物理参数、可靠性参数等，开展专家启发。

(6) 实施分析(P)：针对某一类威胁进行粗略的路径分析，然后逐步细化，分析敏感度和不确定性。

(7) 结果的整理和展示(P)：确定用于具体用户的评估结论说明方式。

(8) 编写评估报告(R)：评估报告要包括可信度、准确度、代表性路径、不确定性、敏感度分析、结果的定性讨论等方面。

(9) 同行评审(M)：在分析过程中、分析完成后实施独立的同行评审。

5.1.3　DOE 评估实践——实物保护领域

1. 评估方法概述

DOE NE 的核燃料循环方案评估和筛选(E&S)[3]的研究报告中，确定了九个评估准则，核材料安保风险准则是其中之一。核材料安保风险也被认为是影响实物保护必要性的因素之一。

DOE 的核材料安保风险包括民用核设施中的核材料被恐怖组织用来制造核爆炸装置(NED)、简易核装置(IND)、放射性扩散装置(RDD)和放射性爆炸装置(RED)的威胁所带来的风险。不同的核装置所需获取的目标材料也不同。

在 E&S 的研究报告中，核材料安保风险是针对盗窃核材料的威胁。预期盗窃的目标通常是指有可能被用于制造核装置的特殊核材料，而在先进核能系统的核设施或运输中大多数甚至全部的放射性材料都有可能作为目标。

核材料安保风险有关的实物保护与具体的核设施设计和运行有着密切的关系，其中包括实体屏障以及对保卫力量和敌对力量能力的假设，但它们并不在 E&S 的评估范围之内，E&S 评估研究仅限于在燃料循环中可获得的核材料。

2. 评估指标

E&S 研究中核材料安保风险准则的评估指标有两个：

1) 材料的吸引力

在正常运行状态下，通过比较那些可能从燃料循环中获得的材料的吸引力，得出整个敏感环节中最高的材料吸引力，有助于燃料循环设施的设计者通过采取措施以降低正常运行时材料的吸引力。

2) 单位产能产生的 SNF 和 HLW 的活度(10 年)

包括所有从初始燃料中衍生出的重金属和裂变产物的量，但乏燃料(SNF)中不包括任何的结构材料，高放废物(HLW)中不包括任何额外废物形式的材料，因为这些材料是由所选择实施的技术所决定的。

5.2 中国先进堆型综合评估方法——实物保护领域

5.2.1 中国实物保护体系发展概述

在国际上，《核材料实物保护公约》是民用核材料实物保护领域唯一具有法律约束力的国际法律文书，于 1987 年 2 月生效。中国于 1989 年成为该公约的缔约国，负有履行《核材料实物保护公约》及其修订案的国际义务。《核材料实物保护公约》修订案于 2005 年 7 月由 IAEA 组织大会通过，其中规定了有关核材料与核设施实物保护的目标和 12 项基本原则，中国于 2008 年 10 月批准该修订案，该修订案最终于 2016 年 5 月正式生效。

此外，由 IAEA 召集专家组编写的《关于核材料实物保护的建议》是国际实物保护领域一份非常重要的指导性文件[4]。该文件于 1972 年首次出版，后经修订于 1975 年以 INFCIRC/225 号文件出版，即《核材料实物保护》(INFCIRC/225/Revision 1)，是指导成员国建立本国核材料实物保护体系的标准参考文件[4]。该文件在 1977 年、1989 年、1993 年、1998 年和 2012 年共经过了五次修订。其中，1998 年第四次修订时，考虑到随着核能的应用和发展，核设施的工艺系统中许多系统和设备与核安全密切相关，它们一旦遭受人为破坏会带来放射性意外释放的严重后果，实物保护的概念已经从核材料延伸到核设施，因此文件新增了“对核设施及使用和贮存中的核材料防止遭破坏的实物保护要求”章节，文件改成《核材料和核设施的实物保护》(INFCIRC/225/Revision 4)。随着时间的推移，为了加强全球核安保，IAEA 通过制定“核安保计划”和编写《核安保丛书》，协助各成员国建立、维护和持久保持有效的核安保制度以具备对核安保事件做出有效响应的能力，因此该文件在 2012 年第五次修订时，结合《核材料实物保护公约》修订案的内容，修改为《核材料和核设施实物保护的核安保建议》(INFCIRC/225/Revision 5)，并同时作为 IAEA《核安保丛书》第 13 号。

自中国1984年加入IAEA以来，通过建立实物保护监管机构，发布相关法律法规，有效管理核材料与核设施实物保护，为实物保护体系的发展建设持续发挥国家规范管制的作用。

1. 行政法规

我国于1984年1月1日正式加入IAEA，由此开始参与全球核能领域的合作和规范。为保证我国核材料的安全与合法利用，防止被盗、破坏、丢失、非法转让和非法使用，1987年6月15日由国务院发布行政法规《中华人民共和国核材料管制条例》(国发〔1987〕57号)，明确国家对核材料实行许可证制度，并从核材料管制范围、监督管理职责、管制办法、许可证持有单位及其上级领导部门的责任、奖励和处罚等方面做出明确的规范，开启了核材料管制的元年。

2. 部门规章

根据《中华人民共和国核材料管制条例》第二十三条规定，1990年9月25日，由国家核安全局、能源部、国防科学技术工业委员会联合发布部门规章《中华人民共和国核材料管制条例实施细则》(〔90〕国核安法字 129 号)，要求对核材料实行分级管理，按照质量、数量及危害性程度进行核材料实物保护等级划分，明确持有核材料的单位必须有保护核材料的措施，建立安全防范系统，并对固定场所和运输的核材料实物保护提出基本要求。从此，我国核材料实物保护正式进入有法可依、有章可循的规范监管时代。

3. 核安全导则

为适应核安全法治建设的需要，国家核安全局自1986年以来发布核安全导则共计约70个，其中于1998年4月发布的《核动力厂实物保护导则》(HAD 501/02—1998)，是我国核安全法规体系中第一本关于实物保护的导则，为我国核动力厂(核电厂、核热电厂及核供汽供热厂等)的实物保护提供了具有指导性的基本原则和统一性的基本要求。该版导则明确提出设计基准威胁的概念，要求核动力厂针对外来的、内部的和内外勾结的犯罪分子，对当地公安部门提供的可能的威胁要素进行归类、排序并整理形成设计基准威胁，并按照设计基准威胁进行实物保护设计，同时在核动力厂的设计中要充分考虑实物保护的完整性和有效性。此外，该版导则还对重要设备、核材料及有关文件资料的安全保密措施做出要求，对实物保护质量保证的组织机构、控制措施、记录制度等做出规定，对突发事件处置的职责分工、方案程序、演习活动等提出要求。

为了统一规范指导核设施实物保护工作，该导则在2008年9月进行了第一次修订，扩大了导则的适用范围，将导则名称修改为《核设施实物保护(试行)》(HAD 501/02—2008)，并明确定义核设施包括：核动力厂(核电厂、核热电厂、核供汽供热厂等)，核动力厂以外的其他反应堆(研究堆、实验堆、临界装置等)，核燃料生产、加工、贮存及后处理设施，放射性废物的处理和处置设施，以及其他需要严格监督管理的核设施。

该版导则第一次提出对核设施进行实物保护分级的要求，对核设施实物保护级别的确定做出明确指导，并将核设施实物保护的分区保护与管理和核设施实物保护级别进行关联。

2008 版导则试行 10 年后，于 2018 年 2 月进行了第二次修订，导则名称修改为《核设施实物保护》(HAD 501/02—2018)，在核设施的定义中增加了放射性废物贮存设施，在核设施实物保护分级原则中引入了放射性核素危险量 D_2 值，新增对核设施实物保护系统与核安全、核应急、消防以及辐射防护等系统相容的要求，新增对实物保护系统网络安全保护措施的要求，新增对分期建设、同址相邻建设的核设施实体屏障和技防措施的具体要求，并再次重申核设施实物保护质量保证方面的要求。该版导则的一个重要变化是第一次提出实物保护系统评估的概念，在基本要求和评估方法方面提出初步要求，并引入实物保护系统有效性评估和风险评价理念。

4. 核行业标准

为填补核行业实物保护标准的空白，国防科学技术工业委员会于 1997 年 12 月发布了《核材料实物保护导则》(EJ/T 1054—1997)，该导则是在 IAEA 1993 年发布的文件《核材料实物保护》(INFCIRC/225/Rev.3)的基础上，吸收美国联邦法规《核电厂和核材料的实物保护》(10 CFR Part 73)的部分技术参数，结合当时国内的实际情况制定的，该导则的发布结束了核行业实物保护领域无标可依的局面。

随着核材料和核设施实物保护国际、国内形势的变化，实物保护理念有了更新和完善，同时随着科技发展，大量采用新技术的技防设备投用使用，原标准的一些内容已难以满足实物保护发展的要求，因此在原标准多年应用经验的基础上，吸收国外最新的实物保护理念，于 2007 年对标准进行更新和补充，标准名称修改为《核材料和核设施实物保护》(EJ/T 1054—2007)。本次修订改变了原标准的叙述架构，引入了核设施实物保护的理念，对固定场所实物保护叙述采用新的逻辑架构，改写了原标准的总则，对各实物保护系统要素的技术参数和内容进行了修改，新增了实物保护信息和资料的保密内容。此外，考虑到国家法规《中华人民共和国核材料管制条例实施细则》标准中的附表二已对核材料实物保护等级进行详细划分，因此本次修订删除了原标准的“核材料分级表”，改为直接引用国家相关法规。

随着国际恐怖主义的蔓延和发展，核安保问题日益成为国际社会关注的焦点。为了应对核安保领域面临的新形势，切实提升我国核安保政府管理的技术支持能力，我国于 2011 年成立了国家核安保技术中心。由国家核安保技术中心牵头于 2018 年 1 月对该标准进行了第二次修订。此次修订将标准名称由原来的《核材料和核设施实物保护》改为《核材料与核设施核安保的实物保护要求》；增加了核安保体系总体目标和实物保护体系目标、威胁评定和设计基准威胁的界定、基于风险的实物保护系统和措施、核安保体系的可持续性、防止擅自转移和蓄意破坏的目标与原则、入侵探测与视频监控系统的内容和要求等方面的内容；更新和补充了固定场所核材料和核设施实物保护的要求、核材料运输实物保护的内容与要求；将“实物保护反应预案”改为“实物保护突发事件响应”，并对内容和要求进行了更新和补充。

5.2.2 中国先进堆型综合评估方法——实物保护领域

1. 评估方法概述

通过先进堆型评估方法研究，根据目前国内先进堆型的研发进展，充分借鉴 INRPO、GIF 等评估方法和美国 DOE 评估实践在实物保护领域的优点，结合我国实物保护体系的发展现状，形成适用于我国研发现状、并具有可操作性的中国先进堆型实物保护评估方法。

实物保护领域评估方法采用先进堆型综合评估方法统一的方法体系，由评估指标(子指标)、指标权重(本领域内)、打分规则等组成。

实物保护领域的评估指标分为定性指标和定量指标，各评估指标(子指标)之间相互独立。为了便于对比评估，需要将每个评估指标原始的评价结果转换成一个无量纲的指标值，通过制定的打分规则来实现这一转换。指标(子指标)的权重因子反映了它们在实物保护领域的重要程度，最后采用加权求和的方式将各评估指标的评价结果整合起来，从而形成实物保护领域的评价结果。

2. 评估指标

从国外实物保护领域评估方法的消化吸收中可以看出：

(1) INPRO 评估方法实物保护领域的 28 个评估指标，范围涵盖了国家决策层面、设计实施层面和业主管理处置层面；时间维度贯穿了先进堆型选址、研发、实施、退役的整个生命周期；从人防、技防结合度来看很紧密，有对人员可靠性、核安保文化和突发事件处置等人防方面的评估，也有对堆型布置设计、实物保护系统设计等技防方面的评估。但这些均为定性的评估指标，评估的目的主要是识别出不符合 INPRO 标准的薄弱项，以便制定后续所需的行动项。

(2) GIF 评估方法实物保护领域的 3 个评估指标中，敌手成功概率和实物保护资源为定量的评估指标，后果属于定性的评估指标。评估确定的具有吸引力的路径，可以通过实物保护探测、延迟等技防手段降低其吸引力，必要时也可以通过采取人防措施以达到相应的安保水平。这种从确认威胁到分析系统响应，再到比较结果的渐进式评估方法，对评估分析人员而言有较强的灵活性。

(3) DOE E&S 研究中核材料安保风险的两个评估指标，材料的吸引力是基于核材料自身固有特性的评估，单位产能产生的 SNF 和 HLW 的活度是基于核技术吸引力固有特性的评估，这两个评估指标在我国先进堆型评估方法中都属于防核扩散领域的评估指标。

对于我国先进堆型而言，一方面国家的立法和监管等决策层面不会因堆型不同而有所区别，另一方面设计基准威胁基于国家威胁并与设施当地敌社情密切相关，因此我国先进堆型综合评估方法实物保护领域暂不考虑立法和监管机构、设计基准威胁等国家层面的影响因素，而主要关注设计实施方面，如核材料被盗窃或设施被破坏的难易程度、敌手完成入侵行动的概率以及所带来的后果影响；以及管理实施方面，如实物保护基础设施和运维的经济成本，支持实物保护系统有效运行的核安保文化措施等方面。最终中国先进堆型综合评估方法实物保护共选取了5个评估指标，分别是：①堆型组件的布置与设计；②敌手成功概率；③后果；④实物保护资源；⑤核安保文化。

其中，堆型组件的布置与设计包含两个子指标，分别是堆型组件的设计和堆型组件的布置；后果包含两个子指标，分别是盗窃核材料所造成的后果和破坏核设施所造成的后果。

先进堆型实物保护领域评估方法总结如表5.2所示，包括评估指标、子指标、适用阶段、指标权重(本领域内)、指标说明、打分规则。在5个评估指标中，堆型组件的布置与设计适用于研发设计阶段，实物保护资源和核安保文化适用于落地实施阶段，敌手成功概率和后果适用于各个阶段。在具体的评估实践中，可根据评估项目的具体阶段和实际情况，对评估指标进行必要的删减、拆分，并相应调整领域内的指标权重。如评估项目处于研发设计阶段，则可选取堆型组件的布置与设计、敌手成功概率和后果这三个评估指标，相应的领域内指标权重分别为30%、30%和40%。如评估项目处于落地实施阶段，则可选取敌手成功概率、后果、实物保护资源和核安保文化这四个评估指标，相应的领域内指标权重分别为30%、40%、20%和10%。

表5.2　先进堆型实物保护领域评估方法

评估指标	子指标	适用阶段	指标权重(本领域内)/%	指标说明	打分规则
堆型组件的布置与设计	堆型组件的设计	研发设计阶段	15	在堆型组件的设计时应考虑核材料被获取的难易程度。指标由难到易分为以下四级： H：很难盗取； M：较难盗取； L：较易盗取； Nil：直接盗取	满分10分： 10≥H>8 8≥M>5 5≥L>0 Nil=0
	堆型组件的布置	研发设计阶段	15	在堆型组件的布置时应考虑核设施被破坏的难易程度。指标由难到易分为以下四级： H：很难破坏或基本不造成放射性后果； M：较难破坏或造成的放射性后果较小； L：较易破坏或造成的放射性后果较大； Nil：直接被破坏或造成严重的放射性后果	满分10分： 10≥H>8 8≥M>5 5≥L>0 Nil=0
敌手成功概率(PAS)	无	各个阶段	30	敌手成功完成路径所述行动并带来后果的概率。指标数值由高到低分为以下四级： H：1>PAS≥0.8； M：0.8>PAS≥0.5； L：0.5>PAS≥0.1； Nil：0.1>PAS≥0	满分10分： H=0 0<M≤5 5<L≤8 8<Nil≤10

续表

评估指标	子指标	适用阶段	指标权重（本领域内）/%	指标说明	打分规则
后果(C)	盗窃核材料所造成的后果	各个阶段	20	以盗窃核材料为目的的行动成功完成后所造成的后果严重程度。指标严重程度由强到弱分为以下四级： H：盗窃未辐照或辐照过能够直接使用的材料； M：盗窃未辐照的不能直接使用的材料； L：盗窃辐照过的不能直接使用的材料； Nil：盗窃未能成功	满分10分： 1>H≥0 6>M≥1 10>L≥6 Nil=10
	破坏核设施所造成的后果	各个阶段	20	以破坏核设施为目的的行动成功完成后所造成的后果严重程度。指标严重程度由强到弱分为以下四级： H：造成严重的放射性后果或造成重大的人员伤亡和经济损失； M：造成较大的放射性后果或造成较大的人员伤亡和经济损失； L：造成较小的放射性后果或造成较小的人员伤亡和经济损失； Nil：未造成放射性后果或未造成人员伤亡和经济损失	满分10分： H=0 0<M≤4 4<L≤9 9<Nil≤10
实物保护资源(PPR)	无	落地实施阶段	20	达到某一实物保护水平所需的人员配备、能力及费用(包括基础设施和运营)所占运营成本的百分比。指标数值分为合理(R)和不合理(N)两级： 10%≥PPR≥1% 100%>PPR>10%或1%>PPR≥0%	满分10分： 10≥R≥1 1>N≥0
核安保文化	无	落地实施阶段	10	核安保文化包括实物保护制度、核安保计划、人员可靠性计划、信息保密制度、核安保培训教育计划等。指标完备和执行程度由优到劣分为以下四级： H：已制定完备的核安保文化措施，并得到良好地发展、维护和有效地贯彻执行； M：已制定较为完备的核安保文化措施，并得到较好的持续发展、维护和较为有效地贯彻执行； L：已制定基本的核安保文化措施，并进行一定程度上地发展、维护和贯彻执行； Nil：未制定核安保文化措施，或未进行发展、维护和贯彻执行	满分10分： 10≥H>9 9≥M>4 4≥L>0 Nil=0

注：评估指标实物保护资源(PPR)位于M区段时，PPR占比值与打分不成正比，具体打分规则需要由评估专家讨论确定。

该评估方法可用于单个堆型的评估，也可用于多个堆型的对比评估。单个堆型的实物保护评估可为堆型的实物保护设计、核设施的实物保护管理提供改进建议，多个堆型的对比评估可为堆型从实物保护角度的选型决策提供参考。

3. 评估流程

我国先进堆型实物保护领域的评估流程与先进堆型综合评估方法整体的评估流程保持一致，在具体的评估实践中可分为以下几个步骤：①评估方案策划与准备；②评估参数准备及确认；③评估工作；④评估总结及反馈。

在评估方案策划和准备阶段，由评估活动主办方邀请国内实物保护领域的资深专家并完成评估专家团队的组建，在评估主办方与专家团队就评估方法、评估目的、关注的重点等进行详细沟通交流后，共同确定实物保护领域在此次评估活动中的权重因子。

评估参数作为先进堆型实物保护领域评估的设计输入，由先进堆型设计方案研发单位来完成原始结果的准备。其中，对于数值型定量指标可以通过分析计算给出，并同时提供计算过程中的假设和前提作为支持性材料；对于定性指标可以根据堆型方案特点给出相关方面的详细描述。

先进堆型实物保护领域的主要评估输入参数以及与评估指标的对应关系如表 5.3 所示。

表 5.3　先进堆型实物保护领域主要评估输入参数

评估指标	子指标	输入参数	输入参数说明	评估因素
堆型组件的布置与设计	堆型组件的设计	堆运行、换料周期	两次换料间的连续运行时间 单位为有效满功率天(EFPD)	定性评估核材料被盗窃或被非法转移的难易程度
		堆换料过程	燃料组件数量及换料方式、方案	
	堆型组件的布置	燃料组件、堆本体的固有安全性	反应性温度系数； 反应性功率系数； 温度升高引起的堆芯径向膨胀，轴向膨胀反应性效应	定性评估核设施被破坏的难易程度
		堆型组件的布置	堆芯堆内组件布置说明	
		堆本体的主要结构	堆芯的主要结构特性及数值	
敌手成功概率(PAS)	无	实物保护系统的设计与布置信息	设计基准威胁； 保护目标、核材料和核设施实物保护等级； 实物保护的分级及分区； 实体屏障设置与布置情况； 保卫控制中心或保卫值班室布置情况； 出入口控制、技术防范措施； 网络安全措施	通过评估计算工具得出截住概率(P_{I})、制止概率(P_{N})，从而定量评估敌手成功的概率(PAS)。 其中： $P_{\mathrm{I}}=f(P_{\mathrm{d}}, t_{\mathrm{d}}, t_{\mathrm{r}})$ $\mathrm{PAS}=1-P_{\mathrm{I}}\times P_{\mathrm{N}}$
		系统探测概率(P_{d})	实物保护系统探测概率(单位为%)	
		反应力量的响应时间(t_{r})	反应力量人数组成及职责、武器装备和通信手段、执勤守卫计划； 突发事件处置组织机构、处置预案、设备和器材及模拟演习计划； 演习后评估的响应时间(单位为 min)	
		延迟能力/延迟时间(t_{d})	有效性评估得出的薄弱环节/路径中最小延迟时间(单位为 min)	

续表

评估指标	子指标	输入参数	输入参数说明	评估因素
后果(C)	盗窃核材料所造成的后果	燃料富集度	^{235}U 最高富集度(单位为%)	定性评估核材料被盗取或被非法转移后可能产生后果的严重程度
		核素成分中 ^{239}Pu 的含量	对于使用 MOX 燃料的情况，总的核素成分中 ^{239}Pu 的含量(单位为%)	
		单个组件质量	单个燃料组件(最小装料单元)质量(单位为 kg)	
		增殖能力	堆芯是否具有可裂变核素的增殖能力	
	破坏核设施所造成的后果	燃料组件、堆本体的固有安全性	反应性温度系数； 反应性功率系数； 温度升高引起的堆芯径向膨胀，轴向膨胀反应性效应	定性评估核设施被破坏后可能造成的放射性后果的严重程度
		保护堆本体所专设的安全系统	在设计基准事故期间或事故后，用于预防堆芯损坏或缓解事故后果而专门设置的核安全级构筑物、系统或部件的概述，以及用于设施部件制造的材料等	
		堆型潜在的服务对象及厂址环境	堆型潜在的应用厂址地理位置、人口分布； 附近的工业、运输及军事设施； 气象、工程水文、地质、地震和土木工程等厂址相关设计参数	

注：评估指标中，实物保护资源涉及项目投资概算、人力成本、设施整体运营成本等，核安保文化涉及核设施运营方制定的制度、计划等，这些都与落地项目的具体建设、运维情况相关，因此考虑目前我国各类先进堆型的发展现状，以上评估输入参数主要针对研发设计阶段的评估指标。

评估输入参数或堆型相关特性描述的合适与否直接决定着评估结果，因此需要通过评估专家评审的方式和研发单位一起确保评估指标原始结果的适当性。

有了经过论证的评估指标原始结果后，就可以按照打分规则对评估指标进行打分，从而将评估指标原始结果转化成无量纲的指标分值，根据各评估指标(子指标)的权重，经过加权求和方式得到实物保护领域的得分，再根据实物保护领域在评估活动中的权重因子将得分转化为该先进堆型实物保护领域的实际得分。评估专家团队也可考虑设计基于不同侧重的多套领域权重因子评估方案，从而探寻在不同的重点关注领域下，先进堆型设计方案的评估结果敏感性。

最后根据评估结果对评估实践进行总结，反馈出该先进堆型在实物保护领域的薄弱环节，据此可进一步提出堆型研发中实物保护方面的提升建议。

4. 评估示例

本小节将选取气冷微堆进行简单的实物保护领域评估示例。

需要特殊说明的是，此处仅对实物保护领域评估方法做简单的示意说明，不按照严格的评估流程进行展示，不按照分数值给出评估结果，评估结果由高到低按照强水平、中强水平、中弱水平、弱水平四级给出。

根据气冷微堆堆型研发进展，需要对实物保护领域的评估指标进行必要的删减，并调整相应的指标权重，删减后共有 3 个评估指标，相应权重和子指标如下：

1) 评估指标 1：堆型组件的布置与设计（本领域内权重 30%）

堆型组件的布置与设计包含两个子指标，分别是堆型组件的设计和堆型组件的布置，两个子指标的权重分别为 0.5 和 0.5。两个子指标的定性评估根据难易程度分为四级：H（很难）、M（较难）、L（较易）和 Nil（极易）。

(1) 子指标 1：堆型组件的设计。

评估准则：核材料被盗取的难易程度。

从评估输入参数中了解到，气冷微堆在寿期内不换料。因此可以初步定性评估气冷微堆核材料被盗取的难易程度为很难盗取（H）。

(2) 子指标 2：堆型组件的布置。

评估准则：核设施被破坏的难易程度。

从评估输入参数中了解到，气冷微堆利用堆芯温度负反应性降低堆芯功率水平，使反应堆长期保持安全状态，固有安全性高，不发生堆芯熔化。因此可以初步定性评估气冷微堆被破坏的难易程度为很难破坏（H）。

综合上述两个子指标的定性评估情况，气冷微堆实物保护领域评估指标 1（堆型组件的布置与设计）的综合评估结果为强水平。

2) 评估指标 2：敌手成功的概率（权重 30%）

敌手成功的概率（PAS）与截住概率（P_I）直接相关，假定在概念设计阶段粗略路径分析时 P_N=1，则 PAS=1–$P_I \times P_N$。截住概率（P_I）与系统探测概率（P_d）、延迟时间（t_d）以及响应时间（t_r）有关，即若完成入侵路径所需的行动在敌手的资源和能力范围之内，则敌手成功的概率（PAS）取决于敌手入侵行动完成前，实物保护系统探测到入侵行为的概率、拖延敌手并对抗敌手的能力。

由于气冷微堆目前处于研发设计阶段，没有落地项目，因而暂时无法获得关于实物保护人力防范、实体防范、电子防范等方面的评估输入信息来定量评估敌手成功的概率。但鉴于我国实物保护领域有非常健全的法律法规体系，项目落地后的核材料和核设施实物保护也将受到国家主管部门的严格审查和监管，因此可以保守预估气冷微堆实物保护领域评估指标 2“敌手成功的概率”的评估结果为中强水平。

3) 评估指标 3：后果（权重 40%）

后果包含两个子指标，分别是盗窃核材料所造成的后果和破坏核设施所造成的后果，两个子指标的权重分别为 0.5 和 0.5。两个子指标的定性评估根据严重程度分为四级：H（很严重）、M（比较严重）、L（比较不严重）和 Nil（不严重）。

(1) 子指标 1：盗窃核材料所造成的后果。

评估准则：敌手以盗窃核材料为目的的行动成功完成后所造成后果的严重程度。

从评估输入参数中了解到，气冷微堆 ^{235}U 最高富集度为 19.75%，属于不能直接用于制造核武器的材料，反应堆无可裂变核素的增殖能力。因此可以初步定性评估敌手盗窃气冷微堆未辐照的核材料所造成后果的严重程度为比较严重(M)。

(2)子指标 2：破坏核设施所造成的后果。

评估准则：敌手以破坏核设施为目的的行动成功完成后所造成后果的严重程度。

从评估输入参数中了解到，气冷微堆固有安全性高，采用自然对流的非能动余热排出系统导出堆芯热量，保证衰变热长期排出，使反应堆长期保持安全状态。气冷微堆潜在的应用厂址地理位置偏远，人口稀少。因此可以初步定性评估敌手破坏气冷微堆所造成后果的严重程度为不严重(Nil)。

综合上述两个子指标的定性评估情况，气冷微堆实物保护领域评估指标 3(后果)的综合评估结果为中强水平。

因此，基于现有的评估输入参数和资料，根据上述三个实物保护领域评估指标的评估分析，并结合评估指标在本领域内的权重，可以得出气冷微堆实物保护领域初步评估的整体综合结果为中强水平。

5.3　小　结

本章首先对国际上已有的先进堆型评估方法(INPRO、GIF、DOE E&S)中实物保护领域的评估方法、评估准则、评估指标、评估流程等进行了简要介绍，总结各种评估方法的特点并充分吸收其优点，基于我国实物保护体系的发展历程和良好基础，结合国内先进堆型研发进展，提出了中国先进堆型的实物保护领域评估方法。

该评估方法重点考虑核材料被盗取或核设施被破坏方面的难易程度、后果影响严重程度，实物保护系统的有效性和风险因素，同时也关注实物保护资源投入、利益代价和核安保文化建设等方面，详细给出了实物保护领域评估指标(子指标)的适用阶段、领域内的指标权重、指标说明和打分规则。

采用该评估方法对气冷微堆进行的简单评估示例，初步展示了方法应用的可操作性，是一个良好的开端和一次有益的尝试。通过对先进堆型开展实物保护评估，能够验证系统合规性，分析系统薄弱环节，发现系统缺陷，评估改进措施效果，分析利益代价，从而使先进堆型的实物保护更安全、更高效、更经济。可以预见，该评估方法在积累更多应用经验后，将在未来为国内先进堆型综合评估分析工作发挥越来越重要的作用。

参 考 文 献

[1] International Atomic Energy Agency. Guidance for the application of an assessment methodology for innovative nuclear energy systems, INPRO manual — Physical protection. IAEA-TECDOC-1575 Rev. 1, IAEA, Vienna, 2008.

[2] The Proliferation Resistance and Physical Protection Evaluation Methodology Working Group of the Generation IV International Forum. Evaluation methodology for proliferation resistance and physical protection of generation IV nuclear energy system,

revision 6. GIF/PRPPWG/2011/003.

[3] Wigeland R, Taiwo T, Ludewig H, et al. Nuclear fuel cycle evaluation and screening-final report. Fuel Cycle Research & Development, INL/EXT-14-31465, 2014.

[4] International Atomic Energy Agency. Nuclear security recommendations of physical protection of nuclear material and nuclear facilities. INFCIRC/225/ Revision 5, Vienna, 2011.

第 6 章

环境影响评估

6.1 国际评估方法——环境影响领域

6.1.1 INPRO 评估方法——环境影响领域

INPRO 评估方法的环境领域包含两个方面，即环境影响和资源消耗。环境影响评估对象主要是由核设施产生的污染物对环境造成的影响及其相关缓解措施。所谓污染物就是任何由核设施向环境引入负面效应的物理、化学物质[1]。与其他工业领域相比，核能较为特殊的污染物是向环境排放的放射性核素。很多时候，公众对核能安全和环境影响的顾虑和不安是由向环境释放的放射性核素引起的。同时，核能和其他工业设施一样，可能产生各种污染物，如各种化学物质(核电厂生产废水中会包含一些化学物质)、余热排放(采用直流冷却的核电厂通过循环冷却水将余热排放至受纳水体，采用冷却塔方式的核电厂通过冷却塔将余热排至空气)、固体废物(一般工业废物、生活垃圾、危险废物)等。

同其他领域一样，INPRO 方法在评估环境领域建立了一套由基本原则(BP)、用户要求(UR)、评估准则(CR)(含指标和接受限值)组成的评估方法体系[1]。为了对评估对象开展评估工作，需要获取必要的输入资料作为计算和分析各项评估指标的基础。相关资料既可以是核能项目的设计文件、环境影响因素的相关设计信息、环境资料信息等，也可以是核能项目的环评报告等文件资料。

INPRO 方法在环境影响评估方面的用户要求包括：①环境污染物的控制(定量指标，包括公众辐射照射、非人类物种辐射照射、化学及其他常规环境污染物)；②辐射环境影响的降低(定性指标)；③降低辐射影响相关措施最优化(定性指标)。具体的基本原则(BP)、用户要求(UR)、评估准则(CR)汇总如表 6.1 所示。

表 6.1 INPRO 评估方法环境影响的指标集

用户要求(UR)	评估准则(CR)	指标(IN)和接受限值(AL)
UR1：环境污染物的控制，来自核能系统整个周期内每一个核设施的环境污染物应控制到符合或小于现有标准水平的程度	CR1.1：公众辐射照射	IN1.1：公众剂量
		AL1.1：小于剂量约束值
	CR1.2：非人类物种辐射照射	IN1.2：参考生物剂量
		AL1.2：小于国际建议值

续表

用户要求(UR)	评估准则(CR)	指标(IN)和接受限值(AL)
UR1：环境污染物的控制，来自核能系统整个周期内每一个核设施的环境污染物应控制到符合或小于现有标准水平的程度	CR1.3：化学及其他常规环境污染物	IN1.3：化学及其他常规污染物水平
		AL1.3：低于国家环境安全标准水平
UR2：放射性释放总的环境影响的降低，所评估核能系统排放放射性核素的总影响应低于现有类似核能系统	CR2.1：辐射环境影响的降低	IN2.1：所评估核能系统向环境释放的放射核素的总影响 R^T(total radiotoxicity)
		AL2.1：R^T 小于现有类似核能系统的影响
UR3：降低环境影响措施的最优化，降低核能系统负面环境影响所采取的措施应进行最优化	CR3.1：降低环境影响措施的最优化	IN3.1：降低核能系统环境影响的措施
		AL3.1：措施是最优化的

注：污染物环境影响(预期负面环境效应的可接受性)基本原则(BP)：核能系统的预期负面环境效应不超过现有类似核能系统。

IAEA 对一些核电项目或核电规划开展了 INPRO 方法评估工作，如 IAEA-TECDOC-1716 号报告中的评估示例[2]。IAEA-TECDOC-1716 号报告是对白俄罗斯规划的核能系统的 INPRO 方法评估，评估对象主要包括白俄罗斯拟建的两台 AES-2006 型核电机组(单堆 1170MW 电功率)、乏燃料干法贮存设施、高放废物最终处置场等。在该报告第 7 章对环境影响开展了详细的评估，评估指标与最新的 INPRO 评估方法在环境影响的评估指标方面略有差异。报告中选取的环境影响因素包括放射性气体和气溶胶的排放、放射性液体向地下水和地表水的泄漏、冷却塔热排放和水蒸气排放、有害化学品向地表水和地下水的排放、取水安全、建设和运行过程中对厂址土地和动植物的影响。针对上述影响因素的全面评估一共考虑了 17 个评价指标，包括最大土壤污染水平、关键居民组年有效剂量、处置场区域的生物剂量、核素由地表向地下水迁移途径的防护、地表水放射性污染的可能性、冷却塔在冬夏季造成的湿沉积、夏季冷却塔排放导致的湿度增加、冬季冷却塔排放导致的湿度增加、地表化学污染物污染地下水的防护、废水在地表水水体的泄漏污染、排放废水的污染物浓度、确保取水水体的水流量、厂址陆地景观的稳定性、建设对林地的破坏、对珍稀植物可能的破坏、对珍稀动物可能的负面影响、项目建设可能违反自然保护区等相关规定。每一项指标均根据参考核设施和白俄罗斯当地的环境调查结果进行了详细的评估和分析，以确认是否满足限值要求。对其他的定性要求，如是否做到了对环境影响合理可行尽量低等，也根据设计文件开展了分析和确认。评估结果显示，总体上各项指标均能较好地满足限值的要求。此外，IAEA-TECDOC-1996 号报告对公众辐射影响评价进行了平行比对，以典型场景为例给出了不同计算方法的评价结果[3]。该报告是评估核设施正常运行工况下公众接受辐射照射剂量具体方法的重要参考和实践。

6.1.2 DOE 等其他方法——环境影响领域

在环境领域，除了 INPRO 方法以外，还有 DOE 的评估筛选实践，目的是筛选与现有核燃料循环系统相比取得了实质性进步、有潜力的核燃料循环系统[4]。美国 DOE 的评估团队由来自美国国家实验室、大学、行业和咨询公司的核反应堆技术和监管专家组成。在环境影响方面，DOE 评估筛选方法考虑四个不同的定量指标，分别是土地利用、水体利用、职业照射、碳排放。土地利用评估单位产能需要的土地面积，水体利用评估单位产能需要的水量，职业照射评估放射性排放的影响，碳排放评估单位产能的二氧化碳排放。DOE 评估筛选实践选取指标的原则之一是尽量减少厂址特征对评估工作的影响，准确给出燃料循环中相关核设施对环境的影响，另一原则是尽量减少评估需要的输入。因此，DOE 评估筛选实践与 INPRO 方法在环境影响领域的指标存在较大的差异，前者考虑重点更趋向于设施本身的功能，后者则是考虑了常规意义上的环境影响因素。例如在放射性排放方面，DOE 的指标是工作人员的职业照射剂量，受设施厂址环境特征的影响较小，能在一定程度上更好体现不同设施放射性排放本身的作用和影响，但从通常意义上来看，工作人员的职业照射并不等效于设施对环境的影响。DOE 评估筛选实践，对核燃料循环的各类设施开展了具体的评价，给出了评价结果，具有重要的参考价值。

第四代核能系统国际论坛（GIF）为第四代核能系统设置了四大领域和八大目标[5]，其中四大领域为：可持续性、安全性和可靠性、经济性、防核扩散和实物保护。可持续发展方面对应的目标分别是可持续生产能源，促进核燃料的长期供应；尽量减少核废料，减少长期管理负担。因此，GIF 的评估方法在可持续发展方面提出了关于环境影响方面的一些目标，但更多是从核能系统设计上考虑减少向环境的放射性排放，没有对环境影响开展深入的评估工作。

6.2 中国先进堆型综合评估方法——环境影响领域

6.2.1 整体思路

在推荐我国先进堆型在环境影响方面的评估指标时，充分参考和借鉴了 INPRO 评估方法在环境领域已有的评估指标，结合 DOE 评估筛选实践相关指标和评估结果，以及我国核设施环境影响评价的相关实践，最终给出我国先进堆型综合评估方法中的环境影响指标。参考 INPRO 对环境领域的基本原则是新的核能系统对环境影响的程度应该要小于现有核能系统，因此从环境保护角度，在放射性环境影响和非放射性环境影响方面均可以提出对应的环境影响评估指标，以评估先进堆型在环境影响方面是否具有环境友好性特征。设置指标时考虑借鉴 INPRO 评估方法，提出更具体的子指标，全面覆盖可能的环境影响因素。在具体评估实践中，可以根据项目特点和环境特征，对指标进行适当的调整。

6.2.2 推荐指标

首先是定量指标，放射性环境影响方面提出公众剂量和参考生物剂量两个指标，非放射性环境影响方面提出化学及其他常规污染物排放环境影响等相关指标。定性指标方面则提出先进堆型是否采取了降低环境影响的相关措施以及是否考虑了措施最优化。具体的指标见表 6.2。

表 6.2 中国先进堆型综合评估方法环境影响评估指标

指标	子指标	指标在本领域权重/%	指标说明
公众剂量		30	设施排放的放射性核素对关键人群组的最大个人剂量应低于国家限值(或剂量约束值)
参考生物剂量		20	设施排放的放射性核素对参考生物的辐射剂量应低于国际共识的限值
化学及其他常规污染物	热排放的环境影响、冷却塔湿沉积影响、非放射性废水的浓度、固体废物的处理处置、危险废物的处理处置、噪声的影响、电磁辐射的影响	40	常规污染物排放对环境的影响应满足相关的法规标准的要求
降低环境影响的措施		10	对降低环境影响的措施采取了最优化设计的考虑

1. 公众剂量

公众剂量是最能代表核设施放射性排放环境影响的特征指标之一。放射性核素排放到环境后会发生扩散，不同方位的公众受到的辐射影响是不同的。为了更好地评估放射性对设施周围公众的辐射影响，核设施环评通常评价厂址周围公众受到的个人剂量，选取剂量最高的一组作为关键人群组，并确保关键人群组的剂量结果要满足相关剂量限值(或剂量约束值)的要求。

核设施公众辐射剂量评价在国内外有相当多的模型和参数可供选用。可参考的国内模型有《中国核工业三十年辐射环境质量评价》中推荐的评价方法及其模型、参数[6]，可参考的国外模型有 IAEA SRS 19 号报告中给出的核设施辐射影响评价的通用模型和参数[7]，英国的 PC-CREAM08[8]、美国的 AIRDOS[9]、法国的 SYMBIOSE[10]等程序中的模型和参数。

公众剂量评估需要的输入包括气液态流出物排放源项、气象数据、人口分布与食谱调查等。公众剂量评估给出的结果应满足国家限值(或剂量约束值)的要求，例如核电厂的剂量约束值为 0.25mSv/a[11]。特定核设施的排放剂量约束值应以审管部门批复为准。

2. 参考生物剂量

现代国际辐射防护领域倾向于认为环境具有脆弱性，IAEA 导则要求对环境做出保护，对环境防护的重要方面是确认目标受体、保护标准、评价生物剂量等。ICRP 在 2007 年《国际放射防护委员会 2007 年建议书》[12]中有效地拓展了环境保护体系中对生物方面的考虑，提出了环境保护的目标、参考动物和参考植物的研究基础等内容，这些都是对生物辐射照射剂量及效应评估的基础。对于生物辐射剂量的评估方法可以参考 ERICA 程序推荐的模式和参数[13]。ERICA 程序是欧洲原子能共同体(EURATOM)在 2004～2007 年完成的对电离辐射污染物的环境危险进行评价和管理的 ERICA 框架项目的基础上开发的，可以用来计算生物所受到的辐射剂量。该程序采用了三级筛选的方法，一级筛选是将环境介质中的核素浓度值与辐射剂量限值导出的环境介质浓度限值(environmental media concentration limits，EMCL)进行比较，判断生物是否存在潜在危险。如果生物存在潜在危险，就需要进一步地筛选。二级筛选结合特定场址中的具体生物的放射生态学参数、毒理数据等，计算各生物受到的辐射剂量率。三级筛选是在二级筛选的基础上引入统计学方法得到各生物具有统计意义的辐射剂量率。

参考生物剂量评估需要的输入包括气液态流出物排放源项、气象数据、陆域和海域生态调查等。文献[14]指出，对大多数陆生生物群落来说，小于 100μGy/h 的慢性照射的剂量率不会产生显著的效应；而对部分水生生物群落来说，小于 400μGy/h 的剂量率尚未观察到可见的负面效应。参考生物剂量评估给出的结果应满足国际推荐限值的要求，一般在核设施评估中可选取国际上推荐值中最严格的 10μGy/h 作为筛选值。

3. 化学及其他常规污染物

化学及其他常规污染物的排放控制要求满足对应的相关国家标准的规定。对于常规污染物，根据厂址特点和核设施设计特征充分考虑各个领域的环境影响，包括热排放的环境影响、冷却塔湿沉积影响、非放射性废水的浓度、固体废物的处理处置、危险废物的处理处置、噪声的影响、电磁辐射的影响等。

4. 降低环境影响措施

对于降低核设施污染物环境影响的措施是否进行了最优化设计，可以通过判断是否已经达到了某种最优化的设计理念的要求。最优化的设计理念包括 BAT(“最佳可行技术”，通过综合比选的方式选择最佳的环境保护措施)、ALARA(“可合理达到尽量低”，广泛应用于辐射防护领域)等[1]。如果能证明设计中采用了至少一种符合最优化设计理念的措施，可以判断降低环境影响措施这一指标的内容已经达到了准则要求。

6.2.3 评估案例

本节以我国某厂址高温气冷堆为例，开展环境影响领域的评估工作，主要参考了该项目的相关设计文件和环境影响报告书。

1. 公众剂量

根据堆型设计单位提供的流出物排放源项，结合厂址人口环境和气象资料的调查结果，开展了公众辐射影响评估。结果表明，该厂址关键居民组受到的最大个人剂量约为 1.7×10^{-3}mSv/a，小于厂址个人剂量约束值(0.25mSv/a)，满足我国标准的要求。因此公众剂量指标的评估结果达到了准则要求。

2. 参考生物剂量

根据堆型设计单位提供的流出物排放源项，结合厂址周围生态调查结果，开展了参考生物的辐射影响评估。结果表明，核设施液态流出物对参考生物的最大剂量率为 7.5×10^{-3}μGy/h，气态流出物对参考生物的最大剂量率为 9.3×10^{-3}μGy/h，均小于最严格的 10μGy/h 的剂量限值。因此参考生物剂量指标的评估结果达到了准则要求。

3. 化学及其他常规污染物

项目建设单位在环境影响报告书中对核设施的热排放的环境影响、冷却塔湿沉积影响、非放射性废水的浓度、固体废物的处理处置、危险废物的处理处置、噪声的影响、电磁辐射的影响等常规污染物的环境影响开展了深入评价，均能满足我国相关法规标准的要求。因此化学及其他常规污染物指标的评估结果达到了准则要求。

4. 降低环境影响措施

设计单位提供了放射性三废处理设施、生产污水和生活废水处理设施、流出物和环境监测方案、固废处理方案的设计考虑，使污染物排放和对环境的影响处于可合理达到尽量低的水平。因此降低环境影响措施指标的评估结果达到了准则要求。

6.3 小　结

本章对环境影响在国际上的评估方法进行了总结分析，借鉴 INRPO 等评估方法的指标，结合国内工程实践，提出了先进堆型综合评估方法在本领域的评估指标，并以某厂址高温气冷堆为例开展了评估工作。

参 考 文 献

[1] International Atomic Energy Agency. INPRO methodology for sustainability assessment of nuclear energy systems: Environmental impact of stressors. IAEA Nuclear Energy Series No. NG-T-3.15, Vienna, 2016.

[2] International Atomic Energy Agency. INRPO assessment of the planned nuclear enegy system of belarus. IAEA TECDOC No. 1716, Vienna, 2013.

[3] International Atomic Energy Agency. Case study on assessment of radiological environmental impact from normal operation. IAEA TECDOC No. 1996, Vienna, 2022.

[4] US DOE. Nuclear fuel cycle evaluation and screening final report. Idaho National Laboratory, Idaho, 2014.

[5] The Generation IV International Forum. Technology roadmap update for generation IV nuclear energy systems, 2014

[6] 潘自强, 王志波, 陈竹舟, 等. 中国核工业三十年辐射环境质量评价. 北京: 原子能出版社, 1990.

[7] International Atomic Energy Agency. Generic models for use in assessing the impact of discharges of radioactive substances to the environment. IAEA. Safety Reports Series No.19. Vienna, 2001.

[8] Smith J G, Simmonds J R. The methodology for assessing the radiological consequences of routine releases of radionuclides to the environment used in PC-CREAM 08. HPA. Chilton, 2009.

[9] AIRDOS-EPA. AIRDOS-EPA: A computerized methodology for estimating environmental concentrations and dose to man from airborne releases of radionuclides. ORNL-5532, Washington D. C., 1979.

[10] Simon-Cornu M, Beaugelin-Seiller K, Boyer P, et al. Evaluating variability and uncertainty in radiological impact assessment using SYMBIOSE. Journal of Environmental Radioactivity, 2015, 139: 91-102.

[11] 环境保护部, 国家质量监督检验检疫总局. 核动力厂环境辐射防护规定: GB 6249—2011. 北京: 中国标准出版社, 2011.

[12] ICRP. 国际放射防护委员会 2007 年建议书. 潘自强译. 北京: 原子能出版社, 2008.

[13] Brown J E, Alfonso B, Avila R, et al. The ERICA tool. Journal of Environmental Radioactivity, 2008, 99(9): 1371-1383.

[14] UNSCEAR. Sources and effects of ionizing radiation: UNSCEAR 2008 report to the general assembly with scientific annexes Volume I. New York, 2010.

第 7 章

资源消耗评估

7.1 国际评估方法——资源消耗领域

7.1.1 INPRO 评估方法——资源消耗领域

可持续发展的观念涉及社会、经济、环境、制度等不同的维度。INPRO 评估方法的环境领域包含两个方面，即环境影响和资源消耗。环境影响考虑核设施排放对环境的影响，资源消耗考虑自然资源的可持续利用[1]。

在资源消耗方面，INPRO 评估方法的核心观点是：当代人不能透支下一代人的资源需求，核能的发展应该满足可持续理念的要求，应在对大气、水、陆地和资源造成更小影响的前提下，提供更多的能源。在此基础上，INPRO 提出了两个用户要求：

(1)用户要求 UR1——可用资源的可持续性：核能系统应当在 21 世纪为满足世界能源需求作出贡献，在保障外部材料合理的使用预期下，不能耗尽易裂变/可裂变材料和其他不可再生材料。另外，NES 应高效地使用这些不可再生资源。

(2)用户要求 UR2——足够的净能量输出：核能系统的能量输出应在可接受的短时间内超过安装、运行和退役所需要的能量。

用户要求 UR1 强调不可再生资源的持续可用性。最关键的是，应论证所评估的 NES 在接下来 100 年运行中不会发生资源短缺。采用这个时间段是基于对不确定性的考虑，INPRO 方法的时间跨度为 100 年，超过这个时间跨度，任何评估的不确定度都过高。

INPRO 方法中，用户要求 UR1 下面有 6 个评估准则，见表 7.1。

用户要求 UR2 所述的 NES 的净能量输出是指系统产生的可用的能量减去系统建造、运行和退役等整个生命周期所消耗的能量。净能量的平衡(输出减输入)应该在 NES 启动后尽可能短的时间能达到正值。

INPRO 方法中，用户要求 UR2 的评估准则见表 7.1。

7.1.2 DOE 评估实践——资源消耗领域

DOE 的评估实践是为了筛选与现有核燃料循环系统相比取得了实质性进步、有潜力的核燃料循环系统[2]。该评估基于核燃料循环的基本特性而不是具体的实施技术(例如，指定热堆、轻水堆或气冷堆)，使得评估和筛选小组(Evaluation and Screening Team，EST，由来自美国国家实验室和行业的核燃料循环专家、财务风险和经济性分析专家以

表 7.1 INPRO 资源消耗方面的评估指标集

<table>
<tr><th colspan="3">用户要求(UR)</th><th colspan="2">评判准则(CR)</th><th colspan="2">指标(IN)和接收准则(AL)</th></tr>
<tr><td rowspan="12">UR1</td><td rowspan="12">可用资源的可持续性</td><td rowspan="12">NES 应当在 21 世纪为世界能源需求作出贡献，在保障外部材料合理的使用预期的情况下，不能耗尽易裂变/可裂变材料和其他不可再生材料。另外，NES 应高效地使用这些不可再生资源</td><td rowspan="2">CR1.1</td><td rowspan="2">易裂变/可裂变材料的可持续性</td><td>IN1.1</td><td>$F_j(t)$：t 时刻，NES 可用的易裂变/可裂变材料 j 的量</td></tr>
<tr><td>AL1.1</td><td>在 100 年内，$F_j(t)$ 大于需求量</td></tr>
<tr><td rowspan="2">CR1.2</td><td rowspan="2">不可再生材料的可持续性</td><td>IN1.2</td><td>$Q_j(t)$：t 时刻，NES 可用的材料 j 的量</td></tr>
<tr><td>AL1.2</td><td>在 100 年内，$Q_j(t)$ 大于需求量</td></tr>
<tr><td rowspan="2">CR1.3</td><td rowspan="2">动力供给的连续性</td><td>IN1.3</td><td>$P(t)$：t 时刻，NES 可用动力</td></tr>
<tr><td>AL1.3</td><td>在 100 年内，$P(t) \geqslant P_{NES}(t)$。$P_{NES}(t)$ 是 t 时刻 NES 所需要的动力</td></tr>
<tr><td rowspan="2">CR1.4</td><td rowspan="2">铀资源的利用效率</td><td>IN1.4</td><td>U_{eu}：开采出来的每吨铀在 NES 系统提供的终端使用(净)能量</td></tr>
<tr><td>AL1.4</td><td>$U_{eu}>U_0$，U_0：现存 NES 系统一次通过方式所获得的最大终端使用能量</td></tr>
<tr><td rowspan="2">CR1.5</td><td rowspan="2">钍资源的利用效率</td><td>IN1.5</td><td>T：开采出来的每吨钍在 NES 系统提供的终端使用(净)能量</td></tr>
<tr><td>AL1.5</td><td>$T>T_0$，T_0：当前运行的钍循环所获得的最大终端使用(净)能量</td></tr>
<tr><td rowspan="2">CR1.6</td><td rowspan="2">不可再生资源的利用效率</td><td>IN1.6</td><td>C_i：NES 消耗每吨的不可再生资源 i 所能提供的最终(净)能量</td></tr>
<tr><td>AL1.6</td><td>$C_i>C_0$，C_0 是基于特定情况确定的值</td></tr>
<tr><td rowspan="2">UR2</td><td rowspan="2">足够的净能量输出</td><td rowspan="2">NES 系统的能量输出应在可接受的短时间内超过安装、运行和退役所需要的能量</td><td rowspan="2">CR2.1</td><td rowspan="2">摊销时间</td><td>IN2.1</td><td>T_{EQ}：NES 的输出能量达到系统所需输入总能量的时间</td></tr>
<tr><td>AL2.1</td><td>$T_{EQ} \ll T_L$，T_L：NES 的设计寿期</td></tr>
</table>

及决策分析专家组成团队)可以创建一套综合的评估框架：包括一次通过和闭式燃料循环；热中子堆、快中子堆和混合能谱堆；临界和次临界(外部驱动系统，externally-driven system，EDS)堆；铀、钍作为燃料并具有其他显著燃料循环特征的方案。这个过程将基于物理学性能的燃料循环方案收集到研究中，建立了 40 个燃料循环方案的“评估组”。在资源利用领域，DOE 针对 40 种核燃料循环方案，分别计算出了铀资源、钍资源的利用率，并以此作为核燃料循环的一项评估指标。

7.2 中国先进堆型综合评估方法——资源消耗领域

在资源消耗方面，INPRO 评估指标更为全面具体，DOE 在评估对象选择上涵盖更广。本节基于 INPRO 和 DOE 评估实践，分析筛选更适宜用于先进堆型的评估指标，并结合两种评估方法的优点，建立适宜先进堆型的资源消耗的评估方法及评估指标。

7.2.1 评估指标筛选

在资源消耗方面，INPRO评估方法涉及2个用户要求、7个评估准则。CR1.1～CR1.3主要针对材料和外部动力的可持续性供应问题。首先，在材料方面INPRO的研究结论是，裂变/可裂变材料(铀、钍)以及多种不可再生材料(膨润土、碳化硼、铜、萤石、氟石、氧化钆、铟、铅、锰、镍、银、硝酸钠、氧化钛、锆)在很长时间范围内不会发生短缺[1]。其次，先进堆型将在未来一段时间内以设计方案、研究堆等形式出现，对材料和外部动力的需求和消耗有限。因此，在先进堆型的资源消耗评估中暂不考虑材料和外部动力的可持续供应问题。

INPRO评估准则CR2.1主要考虑能源的经济性问题，即核能系统产生的能量要在尽可能短的时间范围内超过核能系统消耗的能量。该部分在经济性评价当中也有所体现，因此不作为资源消耗领域的评估指标。

INPRO评估准则CR1.4～CR1.6主要是铀、钍及不可再生材料的利用效率，DOE在资源方面的评估指标也考虑了铀、钍资源的利用效率。由于钍资源尚未有成熟的应用，不同堆型使用的不可再生资源不一样，因此先进堆型的评估指标中不采用钍资源和不可再生资源的利用效率。铀资源是当前核能系统所必需的战略资源，其利用效率能够体现核能系统的先进性，因此在资源消耗方面选用铀资源的利用效率作为评估指标。

7.2.2 评估准则

INPRO评估方法对于铀资源利用效率的评估准则，要求铀资源的利用效率大于当前压水堆一次通过式核燃料循环的利用效率。INPRO评估方法在评估示例中使用2000年前后西欧压水堆的铀资源平均利用效率作为对照基准，认为一般压水堆铀资源的利用效率为单位质量的天然铀发电量44GW·h/t[1]，即产生1GWe·a电量所需天然铀的质量约为199t。

DOE在核燃料循环评估实践中所选用的40组核燃料循环方案是具有提升性的潜在技术方案，使用单位发电量所需天然铀的质量作为评估对象。40组核燃料循环方案中，不考虑后处理的情况下，一般使用铀的富集度越高，天然铀消耗率越高；使用快堆、后处理等技术能显著提天然铀利用效率，DOE将40组核燃料循环按耗天然铀率划分为A、B、C、D四个等级，见表7.2[2]。

表7.2 DOE单位发电量所需天然铀质量

等级	数据范围/[t/(GWe·a)]	说明
A	<3.8	铀资源利用率大于30%
B	[3.8, 35.0)	更为先进的提升铀资源利用率的方法，铀资源利用率为3%～30%
C	[35.0, 145.0)	较为传统的提升铀资源利用率的方法，铀资源利用率为0.8%～3%
D	≥145	铀资源利用效率与目前运行的堆型相近或略低

考虑到 DOE 所选用的 40 组核燃料循环具有潜在提升性，核燃料循环方案与先进堆型的研发方向有较高的一致性。因此，铀资源利用效率评估准则借鉴 DOE 的等级划分。

7.2.3 评估案例及总结

以某型高温气冷堆方案为例开展铀资源利用效率的评估。铀资源从开采到使用大致经历以下几个过程：采集、加工、转化、富集、燃料制造、堆内运行。在现有典型的核燃料系统框架下，相关过程的特性参数见表 7.3，这些参数可用来计算铀资源的利用效率。

表 7.3　该高温气冷堆方案铀资源利用相关特性参数

阶段	参数	符号	参数值
采矿和加工	天然 ^{235}U 富集度	ε_F	0.00711
	提取天然铀的损失	l_1	0.20
转化	损失	l_2	0.005
富集	燃料中 ^{235}U 的富集度	ε_P	0.17[3]
	尾料中 ^{235}U 的富集度	ε_T	0.0025
	损失	l_3	0
燃料制造	损失	l_4	0.01
核电站(能量转化)	燃料卸料燃耗/[(MW · d)/kg]	Q	80[4]
	核电净热效率	η	0.45[4]

某型高温气冷堆产生 1GWe · a 电量所需天然铀的质量如下：

$$
\begin{aligned}
\mathrm{HM}_0 &= \frac{365\times10^3\cdot\dfrac{\varepsilon_P-\varepsilon_T}{\varepsilon_F-\varepsilon_T}\cdot(1+l_1)\cdot(1+l_2)\cdot(1+l_3)\cdot(1+l_4)}{\eta\cdot Q} \\
&= 4.49\times10^5\,\mathrm{kg}/(\mathrm{GWe}\cdot\mathrm{a})
\end{aligned}
$$

即某型高温气冷堆的铀资源利用效率为 449t/(GWe · a)，铀资源利用等级属于 D 级。

在上述计算中其他参数不变的情况下，当富集度为 8%时，铀资源利用效率为 208t/(GWe · a)；当富集度为 4%时，铀资源利用效率为 100t/(GWe · a)。由简单的敏感性分析可知，富集度对铀资源利用效率有显著影响，富集度越高，单位发电量需要的天然铀质量越高。

在资源消耗方面，通过研究和分析 INPRO 评估方法和 DOE 核燃料循环评估实践，确定以铀资源利用效率作为唯一的评估指标。在考虑 DOE 评估等级划分的前沿性基础上，兼顾当前核电系统的发展现状，最后确定了铀资源利用效率的评估等级。该评估方法简单、高效，能够直观体现各种堆型的铀资源利用水平，适合在各种堆型评估当中应用。

参 考 文 献

[1] International Atomic Energy Agency. INPRO methodology for sustainability assessment of nuclear energy systems: Environmental impact from depletion of resources. Vienna, 2015.

[2] U.S. Department of Energy. Nuclear fuel cycle evaluation and screening-final report. INL.ETX-14-31465, Washington D. C., 2014.

[3] 经荥清, 杨永伟, 许云林. 蒙特卡罗方法用于 HTR-10 首次临界燃料装料预估的校算. 核动力工程, 2005, 26(1): 28-36.

[4] 王捷. 高温气冷堆技术背景和发展潜力的初步研究. 核科学与工程, 2002, 22(4): 325-330.

后 记

在面临能源危机与气候变化等多重冲击的时代，核能在确保国家能源安全、缓解气候变化和促进可持续发展方面正发挥着越来越重要的作用。与此同时，经历了七十余年的发展，世界核电技术已基本完成了向先进的第三代核电转型升级、进入第四代核电技术研发与部分堆型的工程示范验证阶段。各类先进的小型模块化反应堆设计方案层出不穷，并且正在面向发电以外的供热、海水淡化、制氢等多用途综合利用发展。在此情景下，制定一套科学、合理的先进堆型评估方法，可以为我国先进堆型研发的技术路线选择、堆型设计方案的优化改进指明方向、提供依据；对促进我国先进堆型的研发工作，提高先进核能技术水平，具有重要的参考意义。

“工欲善其事，必先利其器”，科学的方法是指导人类实践的重要工具。本书聚焦先进核反应堆评估方法，旨在为第四代核反应堆的研发提供科学的评估手段和辅助指导。书中对 IAEA INPRO 评估方法、GIF 评估方法和美国 DOE 评估实践等诸多国际知名评估方法及实践活动进行了介绍，并将团队近十年来在反应堆的安全性、经济性、可持续性、防核扩散与实物保护等方面的研发、思考等成果凝练总结，形成了适用于我国核能发展现状的中国先进堆型综合评估方法（CARA）。

未来的研究将集中于评估方法的完善改进，以及更重要的应用研究。针对具体的先进堆型，应用评估方法开展全面的评估工作，识别堆型研发过程中的薄弱环节，从而有针对性地优化、改进、完善堆型设计方案，助力先进堆型研发工作。另外，根据具体堆型评估过程中的经验反馈，不断完善改进评估方法，使其具有更好的适用性和操作性，成为先进堆型研发工作的强大助手，为中国核能的可持续发展尽绵薄之力。